U0854888

不怕迷茫彷徨，只怕虚度时光

做个有出息的青少年

顺军◎编著

中国纺织出版社有限公司

内 容 提 要

我们在生活中，常常因为碰到一些不如意的事而产生负面情绪，这些情绪对我们的学习、生活乃至以后的工作等都会产生消极影响。

本书以大众化的表达方式，力求向读者传达正面情绪。负面情绪并不可怕，只要稍加注意，学会认真调控，就能做情绪的主人，收获快乐的人生。

图书在版编目（CIP）数据

不怕迷茫彷徨，只怕虚度时光／顺军编著.--北京：中国纺织出版社有限公司，2021.3

（做个有出息的青少年）

ISBN 978-7-5180-7564-5

Ⅰ.①不… Ⅱ.①顺… Ⅲ.①成功心理—青少年读物 Ⅳ.①B848.4-49

中国版本图书馆CIP数据核字（2020）第113779号

责任编辑：张 宏　　责任校对：王花妮　　责任印制：储志伟

中国纺织出版社有限公司出版发行

地址：北京市朝阳区百子湾东里A407号楼　邮政编码：100124

销售电话：010—67004422　传真：010—87155801

http：//www.c-textilep.com

中国纺织出版社天猫旗舰店

官方微博 http：//weibo.com/2119887771

三河市延风印装有限公司印刷　各地新华书店经销

2021年3月第1版第1次印刷

开本：880×1230　1/32　印张：7

字数：128千字　定价：25.00元

前言

有人说，青春是个爱做梦的年纪；也有人说，无奋斗不青春，而歌颂青春的诗篇也填满了我们的读书生涯。对于青春，人们有太多想说的，它仿佛如一首老歌，而这首歌的主题叫——迷茫。无论你正走在青春的路上，还是已经走过青春之路，对于那一段时光，总是会有很多的不解和疑惑。

那么，青春要如何过才不是虚度时光呢？

一些人会说，我想来一场说走就走的旅行，去看江河湖海，去领略奇山峻岭；一些人会说，我想找个很爱的人谈一场轰轰烈烈的恋爱，不求结果，只求相爱；一些人会说，我想赚很多很多的钱，买一所大房子，给家人稳定且安逸的生活；一些人会说，我想好好休息一天，关掉手机，什么也不想，什么也不做，因为太忙、太累了……其实这些就是我们的期待。关于生活和未来，也许有一万种可能，但总有我们喜欢的，也总有我们想要的，你现在的生活，是你曾经想要的吗？

其实，无所谓成功与失败，任何人，只要把朴素的生活过得独特而精彩，就不叫虚度时光，因为任何人的人生都是自己的，只有听从自己内心的声音，才能找到属于自己的那条路。

米兰·昆德拉说：“生活是一张永远无法完成的草图，是一次永远无法正式上演的彩排，人们在面对抉择时完全没有判断的依据。我们既不能将其与我们以前的生活相比，也无法使其完美之后再来度过。”的确，在我们的人生中，总有形形色色的人穿梭往来，总会发生各种各样的事，“如人饮水冷暖自知”，个中滋味，只有自己才能体会到。只有经过生活的洗礼，我们的内心才能逐渐丰盈，才能对生活有更深层次的理解。

我们经常说：“人生短暂，须臾即逝”。的确，青春只有一次，哪有那么多的岁月静好，我们能掌握的只有当下，因此，我们何不按照自己内心喜欢的样子去生活呢？

然而，在现代社会中，任何一个年轻人，从读书时代到毕业、工作，再到结婚生子，似乎都在为工作、为家庭疲于奔命，也会因各种琐事而忙得焦头烂额，他们很少停下脚步、静心思考以及品味生活中的点滴幸福，甚至常常感到力不从心、无所适从。而本书将会告诉你，生活不只是眼前的苟且，还有诗和远方。

阅读本书，能让你从忙碌的工作和生活中抽离出来，去寻找能荡漾起你内心幸福之涟漪的一方碧波，去主动寻找生活的美好，从而拥有真正的幸福。

编著者

2020年6月

目录

第01章

读懂情绪的秘密，发现快乐的真谛

有一句话叫“境由心生”。很多时候，人的痛苦与快乐，并不是由客观环境决定的，而是由自己的心态和情绪决定的。你是否了解自己的情绪呢？情绪会对我们的生活产生什么影响？你的情绪中包含着哪些秘密呢？让我们来寻求问题的答案，找到快乐的真谛。

揭开情绪的神秘面纱

在现实生活中，我们有时感到高兴与兴奋，有时感到哀伤与忧愁，有时感到愤怒和憎恶，有时则会感觉到孤独和恐惧等；甚至有时还会产生复杂、矛盾的情绪，所谓悲喜交加、百感交集、啼笑皆非，这些正是人们情绪的表达且都有着独特的心理过程。有时，情绪能让我们十分乐观、积极，给我们带来积极的影响；有时，情绪也会使我们十分烦恼，严重干扰我们的行为与生活，还给我们带来很多负面影响。

这就是情绪，无论你是否喜欢，它每时每刻都围绕在我们的身边，伴随我们一生。因为每个人对于事物的情绪体验的不同，所以情绪反应带有很强烈的个人色彩。同样面对紧急的刹车声，如果是一个正在静心思考的人，他可能会心生厌烦；但是换成另外一个人，他的情绪可能就不会受这种外界的干扰，依旧专注于思考中。即使是同一个人，在面对同一件事情时，也可能作出不同的反应。面对的是同样的稿件，奥斯特瓦尔德在牙痛难忍情绪很坏时，他觉得这个稿件满纸都是些奇谈怪论，是可以顺手丢弃到纸篓的垃圾，当他情绪好的时候，他的脑海中突然闪现了那篇论文中的一些观点，于是，他急忙从纸篓里把它捡回来重新阅读，结果发现这篇论文很有科学价值，他马上给一家科学杂志写信，加以推荐。后来，这篇论文发表并轰动了学术界。

我们的情绪也是随时变化的，情绪就是一种较强的情感反应，带有很大的波动性，并有明显的外在表现。很多时候我们被情绪左右，但对于成功的人士来说，管理自己的情绪也是一项必修课，他们知道自己在什么时候应该表现出什么样的情绪。

那么，情绪到底有哪些秘密呢？

1.我们所追求的正是一种情绪感觉

麦格尼格尔教授的研究表明，情绪的重要性表现在行为上，我们所做的一切都是在追求情绪感觉，都是对最终结果所带来的美好感受的追求。而我们一切行为的改变，都必须从自己的感受需求开始。

成功有时并不完全取决于能力，而是取决于我们所处的状态，正如成功者的共性并非技能，而是其能够持久地处于积极、兴奋、精力充沛的状态。即便你有超常的智慧和无可匹敌的能力，处于“消沉”状态的人是永远无法发挥自身潜能的。

2.情绪是行为的推动力

情绪是日常行为的推动力。人们在不同的情绪状态下会有不同的行为，当在自信时会与自卑时的行为不同，平静时会与冲动时的行为不同，沮丧时会与兴奋时的行为不同。在大多数情况下，不同的行为也会导致完全不一样的结果。

3.情绪影响健康

情绪还能影响我们的身体健康状况，有些疾病的发生并不是器官的病变引起的，而是与精神状态不佳、情绪异常有关。如果长时间沉浸在压抑、消极的情绪中，不仅会造成精神过度紧张，还会引发其他疾病，如高血压等。

心灵驿站

情绪一直陪伴在我们身边，只要我们学会掌握自己情绪变化的规律，让自己不再受到不良情绪的困扰，健康不再受到不良情绪威胁，每天保持好心情，就能够让自己的生命更加丰盈，让自己的生活更加灿烂。

情绪包括哪些类别

情绪有哪些分类呢?

简单地说就是“喜怒哀惧”，即快乐、愤怒、悲伤和恐惧。快乐是一种追求并达到目的时所产生的满足体验，它是具有正面享乐色调的情绪。而愤怒是由于受到干扰而使人不能达到目标时所产生的体验。当人们意识到某些不合理的或充满恶意的因素存在时，愤怒会骤然产生。恐惧是企图摆脱、逃避某种危险情景时所产生的体验。引起恐惧的主要原因是缺乏处理可怕情景的能力与手段。悲伤是在失去心爱的对象或愿望破灭、理想不能实现时所产生的体验。悲伤情绪体验的程度取决于对象、愿望、理想的重要性与价值。这些情绪可以组合派生出众多的复杂情绪，如厌恶、羞耻、悔恨、嫉妒等。

情绪还可以被简单地分为两大类：一类是正面情绪，另一类则是负面情绪。凡是给我们带来愉快体验的情绪，包括喜爱、满意、欣慰等，属于正面情绪；凡是给我们带来痛苦体验的情绪，如愤怒、焦虑、恐惧、悲痛、羞愧等，属于负面情绪。

情绪并不是绝对的。当我们经历一件事情的时候，是快乐，还是悲伤，决定权都在于我们自己。人的行为是受大脑控制的，一个人的行为结果，源于他的认知，而认知又直接影响着情绪。

有一个大家耳熟能详的故事。有一位老太太，她有两个女儿，女儿们都已经结婚。大女婿是卖伞的，二女婿是卖鞋的。每逢天晴时，老太太就开始担心大女婿的雨伞没有销路。心里想："这么好的天气，连太阳都是火辣辣的，谁还会买雨伞啊？"好不容易盼到了下雨的时候，老太太又开始担心二女婿，"一下雨，谁还来买鞋呀？"这样一来，无论是晴天还是雨天，她都愁眉不展，闷闷不乐。

邻居知道她的心事以后，就劝道："你为什么不这么想，天晴时大家都在争着买二女婿的鞋，下雨时大女婿的伞成了抢手货呢?"老太太听了邻居的劝告，稍稍改变了自己的思维方式，于是没什么烦恼了，人也精神起来了，整天乐呵呵的。

这个故事告诉我们，不同的认知方式会对人的情绪产生不同的影响。事实正是如此。面对同一件事情，我们有时是高兴的，有时是痛苦的。它并不是绝对的，而是相对的。

那么当我们有不良情绪的时候，该如何处理呢？

1.舒缓情绪

应对情绪的最好办法就是“面对它、接受它、处理它、放下它”，也就是说要勇于面对情绪，正视它的存在，寻求解决的办法，最后要学会放下情绪。当情绪突然出现时，你可能会茫然无措，觉得脱离自己的掌控，它可能在不知不觉中就已经影响了你，而你都没有察觉到它的存在，继而做出失态的行动或错误的决策，导致不可挽回的局面。

2.宣泄情绪

人生不可能永远是鸟语花香，前进的路上也可能荆棘密布。在琐碎的生活中，我们会有各种负面的情绪。每当此时，当事人也的确需要宣泄自己的情绪，这是获得心理平衡的一种客观需要。用另一种话说，既然心中的怒火是火山，就应该让它喷发出来，我们需要做的就是为它选一个最佳宣泄方式。

心灵驿站

生活就像是一个打翻了的五味瓶——酸、甜、苦、辣、咸，什么样的滋味都有，因此，不管我们尝到生活中的哪一种味道，都是生活的滋味，我们对此应该有足够的思想准备，用一颗平和的心来对待。

情绪影响我们的身体健康

人的情绪与身体健康之间有密切的关系。在情绪形成的过程中，生理变化也是必不可少的一个环节。人在强烈的情绪状态下，会出现呼吸加快、心跳加速等现象，这些现象导致身体呼吸系统、循环系统、消化系统以及内分泌系统都发生一系列明显的变化，这种变化会影响身体健康。

据说，著名化学家法拉第在年轻时由于工作紧张而神经失调，身体虚弱，久治无效。后来，一位名医经过仔细检查后，留下了一句话："一个小丑进城，胜过一打医生。"

法拉第仔细琢磨，觉得十分有道理。从此以后，他经常放下紧张、压抑的工作，出去放松一下，也经常抽空去看滑稽戏、马戏和喜剧等，即使是在紧张的研究工作之后也会到野外和海边度假，调剂生活情趣，以保持心情愉快。这使得他的身体再也没有出现之前的症状。

不仅如此，有人调查研究长寿的秘诀时发现，几乎所有长寿的老人平时都非常愉快，并且长期生活在一个家庭关系亲密、感情融洽、精神上没有压力的环境中。由此可见，愉快的情绪对我们的健康是有很大帮助的。

冰岛位于寒冷的北大西洋，常年遭受海水的无情冲击。它不仅是世界上活火山最多的国家之一，还有4536平方英里的冰川，堪称"水深火热"！冬天更是漫漫长夜，每天有20小时是黑夜，可谓“暗无天日”，光是想想就觉得十分艰苦，更何况是生活在这里！可是，冰岛的死亡率位于世界之末，而平均寿命则居世界之首。

生活在如此恶劣环境下的冰岛人，为什么死亡率却能位于世界之末，而平均寿命却能居于世界之首呢？带着这个疑问，美国一个名叫盖洛普的民意测验组织，对世界18个国家的居民做了一次抽样调查，结果表明，冰岛人是世界上最快乐的人。参加测试的27万冰岛人，82%都表示满意自己的生活。

原来，冰岛人长寿的秘诀是快乐。快乐是最好的药，快乐是生命开出的一朵花，它不仅能延缓我们生理机能的衰老，而且可以让我们通过快乐这扇窗，在一片“水深火热”而“暗无天日”的环境中，依然看到世界的美丽和阳光。

那么，情绪到底是如何影响我们的健康的呢？

1.良好的情绪促进身心健康

欢乐、愉快、高兴、喜悦等都是积极良好的情绪。这些积极、正面情绪的出现能提高大脑及整个神经系统的活力，使人体内各器官的活动协调一致，有助于充分发挥整个机体的潜能，有益于人们身心健康和提高学习、工作的效率。

2.好情绪让你充满活力

许多临床实践表明，积极开朗的情绪对治愈疾病大有好处。长寿的秘诀就是大多数时间心情愉快、乐观豁达、心平气和、笑口常开。心情愉快还会改变一个人的精神容貌，使人容光焕发、神采奕奕，正所谓“人逢喜事精神爽”，好情绪也能让自己焕发出青春活力。

3.人际沟通更加和谐

人际沟通就是情感交流的过程。情绪的表达能够增进彼此间的了解和理解。当我们有各种情绪时，才体现了交往的真实感受；没有人百分之百了解你，只有表达出自己的情绪，别人才能了解你的感受，促进人际的交往和理解，让人际交往更加和谐。

心灵驿站

好情绪是一种十分强大的力量，它能够激励你实现自己的理想、克服最严重的困境。为了让你的身体更加健康，充满活力，你要做的就是，控制自己的情绪，让它帮助你创造一种自己想要的生活，改变自己的命运。

控制好情绪，让内心更加纯净、阳光

美国名人卡耐基，有一次在纽约长岛火车站的阶梯上，偶然遇见三四十名拄着拐杖的男孩，他们正艰难地向上攀爬，甚至还有一个小男孩要别人抱着才能上去。但是他们每个人都很快乐，欢快地交谈着。他对他们的笑声和快乐的心情感到吃惊。于是，他与一个带领这批孩子的人说到这件事情。那人答道：“当一个孩子发现他一辈子将是个跛子时，最初会惊愕不已，但是，等他的惊愕消逝之后，他将会接受自己的命运，于是就比一般正常的孩子们更快乐一些。”卡耐基听后说他十分想向那些孩子们致敬，因为他们教会了他快乐的真谛——快乐就在自己心中。

这个故事让我们得到这样一个启示：快乐不仅是一种生活的态度，还是一种愉悦的心境。想要获得心灵上的阳光，就要学会控制自己的情绪。

其实，愉悦的心情更能使人快乐，而快乐则是生活的最佳营养。我们每个人都应当珍惜自己的生活，让快乐永驻心田。

有一天，陆军部长斯坦顿来到林肯办公室，气呼呼地对林肯说：“一位少将用侮辱的话指责你偏袒一些人。”林肯笑着建议：“你可以写一封内容尖刻的信回敬那个家伙，狠狠地骂他一顿。”斯坦顿立即写了一封措辞激烈的信，然后交给总统看，林肯高声称赞：“对了，对了，要的就是这个，好好教训他一顿，写得真是太棒了，斯坦顿。”

但是，当斯坦顿想要把这封信寄出去的时候，林肯却叫住他，问道：“你在做什么？”斯坦顿理所当然地说道：“寄给那位少将啊！”林肯大声说：“不要胡闹，这封信不能发，快把它扔到炉子里去。我都是这样做的，凡是生气时写的信，在写信的过程中你的气已经消了，你现在是不是感觉好多了？那么就请你把它烧掉，如果仍不解气，试着再写一封信吧！”只有能控制自己的情绪，不为情绪所左右，才能不做让自己后悔莫及的决定，让心灵更加纯净、阳光。

约翰·米尔顿说：“一个人如果能够控制自己的激情、欲望和恐惧，那他就胜过了国王。”有时候，情绪不仅是心灵健康的庇护神，也是我们成功路上的助力。在现实生活中，面对不同的困境，控制情绪起到了至关重要的作用。有时候，评价一个人是否是可塑之才，不仅是看他的行事作风，是否能成就一番伟业，除了具备基本的能力和潜力外，还要看他能否控制好情绪。控制好情绪，可以化阻力为助力，助你化险为夷；相反，若是不能掌控好情绪，便很容易失去理智，甚至做出一些非理性的言行举止，将自己的生活弄得一团糟。所以，尽管情绪具有复杂性，我们也无法完全了解它，但我们都应该努力控制好它，调整自己，保持平和的心态，让自己成为情绪的真正主人。

那么，怎么能够控制自己的情绪，获得内心的快乐呢？

1.平和的心态

要想获得愉快的心情，就必须拥有平和的心态，让心灵留下一片空白，把阻滞心灵健康的一切忧虑、不安和罪恶情绪彻底铲除。

保持平和的心态要有正确的得失观，也就是要善于计算自己所得到的实惠。“吃亏是福”“知足常乐”，这些古训都是教我们如何去挣脱世俗得失羁绊的法宝。要经常为自己拥有的一切感到满足，意识到自己得到的比失去的多，让自己开心、愉悦。如果你一直情绪低落，总感到比别人得到的少，总觉得自己吃亏，那么，你就摆脱不了怨愤和忧虑，总是郁郁寡欢。在困顿或者难过的时候，不妨想一些美好的画面，那些我们曾经经历过的温暖、美好的生活细节，让内心尽情地向快乐的地方奔去。

2.做一个心灵强大的人，去面对生活中的磨难

生活与心灵有密切的关系，一个心灵强大的人，才可以应对生活的不如意与困境，他们可以做生活的主人，靠的就是对情绪的控制权。当发现自己被一种情绪控制的时候，要有意识地警惕它、引导它，而不是被情绪控制、被它驱策，这样的人才有可能将情绪的方向转化，激发自己的前程，在成功的路上勇往直前。

不要惧怕任何一种突然的情绪，要相信自己有驯服它的能力。只要你心宽似海，所有情绪，不过是涓涓小溪，终会缓缓流入宽阔的大海中，它们无法干扰大海的平静和澎湃，只会增加大海的博大气魄。

心灵驿站

心灵，就像房子一样，也会有灰尘光顾，需要我们定期清理。否则，当灰尘变成污垢、油垢，再去处理就需要花费许多力气。趁生命还没满载，还有大把时光，正是清理的好时机，赶快行动吧！控制情绪，扭转生命！

了解自己的情绪，把握自己

为什么在产生情绪时，我们会产生相应的应激反应？为什么有的人每天都不会失落呢？为什么有人即使心情不好，还是干劲十足呢？为什么不同情绪撞击在一起，会产生那么可怕的后果？

究竟为什么我们会对情绪有这么多的困惑呢？这都是因为我们对情绪的认知太少，觉得情绪实在是太复杂了。虽然情绪一直伴随在我们的左右，但是我们对它的认识太少，摸不清情绪的本质。想要有效地控制情绪，我们必须了解自己的情绪。我们只有耐下心来，好好去体会自己的心情，深入地了解自己的情绪，才能更好地调控自己的情绪。这些经历会为我们的生命增添色彩，成为美好的享受。

陈靖是一家进出口贸易公司的业务经理，工作表现突出，很受上级领导的赏识。他和同事相处得也十分融洽，平时待人也十分有礼，被大家当作是将要晋升为总经理的人。一天，他加班到凌晨两点，第二天就起晚了。醒后的他冲到楼下，大声质问太太为什么不叫醒他，害他上班要迟到了。看到这么晚了，太太连早餐都没有做，陈靖和太太吵得更凶了。

没有吃到早餐，他气冲冲地下楼，由于走得太急，下楼时不小心扭伤了脚。他好不容易走到停车场，却发现忘了带钥匙，不得不又返回楼上，本来就迟到了，现在更是赶不及了。在上班的路上，因为前面发生了车祸，过了两个小时车也只走了一小段距离。等他按捺着焦急的心驶上了高速路，又因为超速行驶被警察逮个正着。虽然只开了张罚单，但也耗去了20分钟。下了高速进入市区时，一心只想快点到公司的他又闯了红灯，结果撞上对面来车，如此又耽搁了两个小时处理交通事故。这个时候，他的心情已经恶劣到了极点，本来与大客户预约的会谈也因为没赶上而泡汤了。

到了公司，大家都在吃午餐，他还没来得及喘口气，就因为上午丢失了大合同而被老板叫去训了一顿，正在气头上的他一反常态和老板顶撞了起来。老板自然咽不下这口气，就叫他卷铺盖走人。他回到自己的办公室收拾东西，恰巧秘书进来找他汇报工作，还不知道发生了什么事就被他轰出门外。秘书小姐下班回到家，就对她的先生乱发脾气，结果先生也不甘示弱，把气撒在儿子的头上，儿子受到这种莫名其妙的指责，很委屈。不巧，家里的小狗躺在地上，结果儿子上去将气撒到了小狗头上，把不明状况的小狗踢得远远的。小狗大概是这一连串事件中最可怜的受害者，但它不会连累别人，把怒气发在别人身上。

可见，情绪时刻影响着我们，我们在日常生活中与客观事物接触的过程中，情绪并不是一成不变的，随时随地都可能出现起伏和变化。所以我们需要了解情绪，并做到合理地引导情绪，要知道舒畅的心情是自己给予的，不要天真地去奢望别人的赏赐，也不要可怜地去乞求别人的施舍。

那么，情绪有什么秘密呢？

1.情绪的周期

首先可以试着找出自己的情绪脉络，为此我们可以记录自己的情绪状态。有两个时刻的情绪状态要特别注意，一个是清晨醒来时的情绪状态，另一个是睡前的情绪状态。我们还需要注意一天中能够引起自己情绪明显变化的事件，用数值量化情绪从低潮到高昂的程度。一段时间后我们便可看出自己的情绪周期及变化的原因。在低潮期可适当做些愉快的事情，减少产生激烈情绪反应的机会。遇到可能会引发激烈情绪的事情，就要想方法躲开或调整，这样就能有效地调节自己的情绪。

2.情绪的生理变化

练习觉察自己情绪的生理变化。生理反应是快速而明显的，若能及早感觉，就能尽早地采取措施，防患于未然。这样也许能避免一场冲突。如发现自己的心跳加速、胃部开始紧缩，这就代表着你可能已经被激怒了，你可以暂时离开这个让你情绪变化的场所，可以出去散散步，找人聊聊天等，不要让自己被愤怒控制，让自己保持冷静。这样也能帮助我们控制自己的情绪。

心灵驿站

了解情绪的秘密，做自己情绪的主人、获得快乐，对自己的情绪负责，不被坏情绪影响。一个渴望成功的人，尤其是当他处在不顺的环境中时，应该了解自己的情绪，控制自己的情绪，这样才能走向成功。

第02章

小心由情绪引发的疾病，别陷入抑郁的泥沼里

情绪是人的心理活动的一个重要方面，它严重影响我们的生活，与健康密切相关。良好的情绪使人精力充沛，活力满满。负面情绪则可能会降低工作效率，损害身心健康，还可能令人疾病丛生，甚至可以致死。

压抑的情绪会摧残我们的健康

随着社会竞争压力的增大，人们在竞相地表现自己的同时，许多人悄悄地把自己的真实内心封闭起来，对自己情绪进行压抑。

压抑是指对自己心理的束缚、抑制，尤其是对悲伤、忧虑、恐惧等消极情绪的极力压制，它会导致人们心情抑郁、痛苦不堪、满腹委屈、暮气沉沉，还会对外面的世界生厌、漠不关心，对别人的喜怒哀乐无动于衷，对任何事情失去兴趣。不仅如此，压抑的情绪，还会损害我们的健康。

小华，35岁，是一家公司的老板，工作一直很忙，生活作息没有规律，经常加班到深夜，有时凌晨还在酒桌上与客人高谈阔论。一段时间以后，他突然感觉胸闷心慌，心跳得厉害，脸色发黄，大汗淋漓，胸口好像有什么东西压着似的，喘不上气来，有窒息的感觉。他非常恐惧，大声喊着："我快要憋死了！憋死了！"朋友们立即将他送到医院。到了医院，还未做检查，小华的这些症状就消失了，检查结果也显示他身体没有任何异常。回到家后，他也没有什么异常症状，依然经常加班到深夜。

三个月后，他突然又出现了相同症状，此后，发作得愈加频繁，他感觉很无助又很害怕，害怕总有一天自己会憋死。他每次发作时间不等，有时不用处理症状就消失了，有时服用药物才能缓解心悸症状。他去医院看过好多次，做过全面的检查，均未发现异常。他十分苦恼，不知道自己到底怎么了，也不知道自己会在何时发病，每天都焦虑不安，担惊受怕。最后，在医生的建议下到精神科就诊，小华才知道自己患上了焦虑症，这是由于过度压抑情绪引起的。心理学家告诉他应该摆脱生活中的紧张感和压抑感。他遵照医嘱做出改变，这些症状也就慢慢没有了。

压抑的情绪就像一种无形的束缚，严重地影响小华的精神，让他每时每刻都觉得痛苦、压抑、无法释放自己，最后引发疾病。压抑情绪的产生与年龄、身份等无关，与个体的挫折、失意有关，继而导致自卑、沮丧、自我封闭、孤僻等病态心理行为的产生，且严重威胁我们的身体健康。

那么我们该如何疏导压抑的情绪，为自己解绑呢？

1.让快乐走进你的生活

让快乐进入你的生活。快乐是无处不在的，如果因为压抑的情绪而放弃了很多事情，让自己沉浸在自己的思绪中，只会让事情变得更加糟糕。为了转换一下心情，不妨做些运动，多参加社会活动，参加同学聚会或者看电影等。这些行为也能影响自己的情绪，即使情绪压抑的时候，也不要垂头丧气地低头走路，可以像风一样疾走，挺直身子坐着，不要每天愁眉苦脸，要每天露出笑脸，让微笑写在自己的脸上，这样也能让自己的情绪变好，缓解自己的压抑情绪。

2.调整自己的心态

压抑的情绪来源于自己本身，产生于自己情绪的羁绊。事情只是外界因素，自己的情绪变化是被本身所指引和控制的。人们因为长时间深陷一种情绪中无法自拔，而造成压抑情绪泛滥。要想摆脱这种情绪，一定要及时调整自己心态，忘掉不快的事情，回味那些美好的瞬间，如每一个温暖的瞬间，可以时常拿出来回味一番，冲淡自己的压抑情绪。

3.宣泄法

我们也常看到一些心胸狭窄、爱生气、心中总是闷闷不乐的人，由于心理压抑长期得不到解决而产生心理疾病。要想缓解自己的压抑情绪，可以及时地把压抑情绪宣泄出来，减轻心理上的压力，缓解或者消除紧张的情绪，恢复快乐、平静的心情。你可以选择自我倾诉或者参加文娱活动等，缓解压抑的情绪，但宣泄一定要注意场合、身份，注意适度，要把握“放松自我，不妨碍别人”的原则。

心灵驿站

人生本该风雨彩虹交替呈现，若承载了太多的苦闷，只会让内心不堪重负，生活也变得索然无味。既然如此，我们为什么不打开心门，让快乐悄然走进自己的生活，卸下心中的负担，让心灵轻快起来呢？

呵护心理，远离心理疾病

人的心理复杂多变，非常奇妙，令人难以捉摸。然而，正是这种神秘莫测的内心，发挥着一种无形的力量，支配着我们的一切，主宰着我们的喜怒哀乐。控制内心，保持平静，就一定能够培养出愉悦的心情，进而就能用美好的眼光，去观察和判断一切事物。内心愉悦的状态可以使人们在平凡之中、危难之时保持一种积极向上的力量，这是快乐的基础。简而言之，内心愉悦的状态就是人的心理健康状态。

人们在生活中经常会遇到一些让人心里难受的事情，这样的事情往往不是很累或是烦琐困难，而是十分困扰内心。这种困扰内心的事情可能是自己不想去做但又不得不去做的事情，或者是自己内心犹豫不定的事情，或者是让自己内心爱恨交织的事情，又或者是让人受委屈的事情……总之，这些事情很让心灵受折磨，也很容易造成心理上的疾病。一些心理疾病甚至可能威胁我们的生命。

小张，男，21岁，是一名大三的学生。因父亲突然病故和失恋的双重打击，他开始失眠，呆滞，闷闷不乐。他说："我活不了多少天了，我有罪。"不仅如此，他还害怕听到火车鸣响声，一听到就反应激烈，说："了不得，天下大乱了。"见到公安人员也恐惧，口称"我有罪"。回家后即问家人："公安局的人和你们谈过话吗？为什么我想的事别人都知道？"他还不时侧耳倾听“地球的隆隆响声”。一次，他听到汽车声就惶恐地说：“社会大乱了！”看见小汽车则恐惧地问家人：“那是不是来逮捕我的？”某晚仰卧于床，他忽然说：“怎么我在屋里能看见天？”这种症状持续了一段时间后，在家人的陪同下，小张终于被带到医院检查。最终的诊断结果是心理疾病，是在各种生物、心理以及社会环境的影响下所产生的大脑功能失调，这会导致认知、情感、意志和行为等心理活动出现不同程度的障碍。

心理问题会严重地威胁我们的身心健康。试想，一个人如果连健康的身体都没有，还何谈实现梦想、创造辉煌呢？古希腊哲学家赫拉克利特指出：“如果没有健康，智慧难以表现，文化无从施展，力量不能战斗，财富变成废物，知识也无法应用。”健康不能代替一切，但是没有健康就没有一切。健康的一半是心理健康，关注心理健康就是关注生命，保持心理健康就可以极大地提高生命质量。

那么，怎样才能调节自己的情绪，保持心理健康呢？

1.自我静思

自我静思也叫自我反省，就是面对各种矛盾和冲突时，控制好自己的情绪，冷静、理智地思考自我、了解自我、评价自我，找到自我的确切位置，制定合理的目标。

2.情感转移

情感转移是把注意力从消极转移到积极方面去。人在情绪发作时，头脑中有一个强烈的兴奋灶。此时，如果另外建一个或几个兴奋灶，便可抑制原来的兴奋中心。如在苦闷烦恼时，去听听音乐，到外面走走；当出现烦恼情绪的征兆时，去做一些有意义的事情，使自己沉浸在自己喜爱的事情中，心理上的阴云就可能渐渐消失。

3.及时宣泄

每当我们遇到一些令人烦恼、痛苦的事时，心理上都会产生很大的压力。心理压力过大，就会失去心理平衡，也常常会产生生理疾病。所以，当你有“一肚子气”时，不妨找一个你最亲的人、最理解你的人，把肚子里的怒气、怨气倾诉出来，这样心里就可以得到最大限度的解脱。

心灵驿站

生活得幸福与否，取决于我们的内心感受，不同的境遇总是伴着不同的心理和情绪，使我们不可避免地产生许多心理问题。心理问题容易烦扰我们的身心，甚至影响我们对人生目标的追求。因此，我们要学会自我调节适应，细心呵护自己的心灵，保持身心健康，永远做个快乐的人，享受人生。

负面情绪严重威胁人的身体健康

如果一个人情绪不好，长期处在不良情绪中，精神不愉快，悲伤、焦虑、沮丧、紧张、抑郁、苦闷、仇恨等负面情绪无法控制在适度的范围内，就会损害免疫系统和心脑血管功能，甚至使大脑产生某些化学变化，损害记忆力，变得反应迟钝、健忘，有时还会破坏神经系统的平衡，造成代谢紊乱和内分泌失调，影响体内营养吸收和各脏器的正常生理活动，诱发生理、心理疾病，影响健康。

西汉时的政论家和思想家贾谊，18岁时以能诵诗属文而闻名，后被河南太守吴公招到门下。文帝即位初期，听说吴公曾经师事李斯，号称治政天下第一，因此任命他为廷尉。吴廷尉推荐贾谊，说他年轻有为，熟读百家之书，于是文帝任命贾谊为博士。当时贾谊才20多岁，每次参议诏令，其他人还没说什么，贾谊就对答，诸生以为不能及，于是一日间连升三级，迁为太中大夫。

文帝对贾谊颇为赏识，拟任其为公卿，但遭到周勃、灌婴等重臣反对，诬其“年少初学，专欲擅权，纷乱诸事”，故天子疏远了他，将他贬为长沙王太傅。

长沙在古时属于“卑湿远地”，贾谊满腹忧郁苦闷，心情激荡不安，流露出远走退隐的想法，再后来更是自伤不幸而哭泣不止，最后中年早亡，时年33岁。

贾谊英年早逝，其实就是因不良情绪一直郁积在胸，没有合理地发泄，继而诱发疾病，然后病情又因情绪低落而不断加重造成的。

对于每个人而言，情绪良好是自己给自己寻找愉快和健康。如今，情绪与健康的关系越来越受到人们的重视。事实证明，良好的情绪能大大提高机体免疫功能。而如果对不良情绪不加以及时疏导与释放，就会影响人的生活，对健康的影响也不容小觑。

那么，怎样来排解生活中遇到的负面情绪呢？

1.宣泄情绪

宣泄主要是自我发泄。一个人切忌把负面情绪埋于心底，隐藏的情绪就像炉中的火苗，一旦爆发就能把心烧成灰烬。消除负面情绪最简单的办法莫过于使之宣泄出来。当你情绪不佳或心中气愤时，你可以到不妨碍社会和他人的场所，如郊外、海边等，尽情地放声大喊，还可以借助一些事物发泄自己的情绪，不让它积压在心中，影响自己。

2.叹息

当人们在受到挫折、忧愁、思虑时，仅仅叹息便会产生胸宽郁解之感；当人们感觉到恐惧、惆怅时，叹息能够让我们平静下来；当人们感到紧张的时候，叹息能使神经松弛，紧张情绪得到缓解。

医生在给临场前的运动员和心理紧张的考生进行体检时发现，叹息后，收缩期血压会下降10～20毫米汞柱，舒张期血压也会下降5～10毫米汞柱，呼吸和心跳都会缓慢下来，紧张的状态明显得到改善。

叹息时，吐音不同，会收到不同的效果。例如，吐“吁”字养肝，吐“呵”字强心，吐“呼”字健脾，吐“泗”字清肺，吐“吹”字通肾。但要注意吸气顺其自然，口形与吐音等动作协调，相互配合。因此，在生活中不妨学会叹息，利用叹息舒缓我们的情绪，让自己重获好心情。

3.兴趣爱好疏导情绪

当有负面的情绪时，不妨把自己置身于自己感兴趣的事情中去，可以去看电影、看电视、读书、绘画、练书法、跳舞等，这些事情都能消除生活上的压力，能使人的情绪好转。你还可以用唱歌来疏导自己的情绪，雄壮的歌曲可以振奋精神，放声歌唱可以提高士气。

心灵驿站

人总是会有各种各样的情绪。想要告别那些负面情绪，最好的办法是给这股“流水”建筑一个“闸门”，调节水情，控制水势，趋利避害，让正常健康的情绪主宰自己，避免负面情绪的困扰，达到身心健康的目的。

珍爱健康，远离忧虑

停止忧虑就能快乐。很多人常常感到烦恼，甚至觉得苦闷，因而总在迷迷糊糊中过日子。其实，现实是最真实的，不要忧虑，看清楚后行动，很多烦恼就烟消云散了。正如查尔斯·吉特林所说的：“只要能把事情看清楚，问题就已经解决了一半。”但是，如果你放纵自己的悲观情绪，那么忧虑将一直追随着你，甚至还会严重威胁你的身体健康。有一位著名的医生说：“在接触的病人中，有70%的人只要能够消除他们的恐惧和忧虑，病就会自然好起来。”这一点，美国南北战争中的士兵就深有体会。

在格兰特围攻里士满的战争持续了9个月之久后，李将军手下的士兵都已衣衫不整、饥饿难忍。有时，好几个兵团的人都无法集中精神，有的人在他们的帐篷里开会祈祷——叫着，哭着，似乎看到了种种幻象。

眼看战争就要结束了，李将军手下的人放火烧了棉花和烟草仓库，也烧了兵工厂，然后在烈焰笼罩的黑夜里弃城而逃。格兰特乘胜追击，从左右两侧和后方夹击南部联军，而骑兵从正面截击，拆毁铁路线，俘虏了运送补给的车辆。

由于剧烈头痛而眼睛半瞎的格兰特无法跟上队伍，就停在了一户农民家里。“我在那里过了一夜，”他在回忆录里写道，“把我的两只脚泡在加了芥末的冷水里，还把芥末药膏贴在我的两个手腕和后颈上，希望第二天早上能康复。”

第二天清早，他果然康复了。可是使他康复的，不是芥末药膏，而是一个带回李将军降书的骑兵。“当那个军官到我面前时，我的头还痛得很厉害，可是我一看到那封信的内容，我就好了。”

显然，格兰特是因为紧张和情绪上的忧虑才生病的。一旦他在情绪上恢复了愉悦，想到战争的胜利，他的病就立刻好了。由此可见，人的一些不适感觉的出现与忧虑有着密切的关系。

忧虑有如一个无形的杀手，它如此消极而无益，你与其为毫无积极效果的情绪浪费自己的宝贵时光，不如面对现实，珍惜现在。

忧虑使人无法集中精神思考；忧虑使人无法聚集力量做事；忧虑使人无法坦然地面对生活中的种种不幸与挫折，那么如何克服忧虑呢？

1.要有积极的心态

消极的心态是产生忧虑的内在原因，要想从源头上消除忧虑，就应该尽快抛弃消极的心态，培养自己积极的心态。为此，你可以多看一些富有哲理或励志思想的书，提高思想境界，多交一些朋友，多参加体育活动，锻炼健康的体魄，多出去走走，体味大自然的神奇，陶冶情趣，让自己经常处在愉快的心境中。

2.让自己忙碌起来

曾经获得诺贝尔医学奖的亚历克西斯·卡锐尔博士说：“不知道抗拒忧虑的人都会短命而死。”忧虑者仿佛是随时驮着壳的蜗牛，不同的是束缚他的壳是无形的，即使自己很忧虑，可能也不自知。

忧虑者宛若置身于一个孤独的城堡，他出不来，别人也进不去。有了忧虑时，可以不去想它，让自己忙碌起来，加速血液流动，如此你的思维就会开始变得敏锐。只有让自己一直忙着，才能让你摆脱忧虑的困扰。记住："让自己不停地忙着，忧虑的人一定要让自己沉浸在别的事情里，否则只能在绝望中挣扎。"

3.从多个方向看待问题

很多时候，让我们感到忧虑的是我们很难掌控或无法掌控的事。比如，你担心自己不够好，无法胜任工作，静下心来，思考一下，自己这样忧虑能改变事情吗？我们能做些什么呢？它是我们所能控制的事情吗？

不妨告诉自己：虽然担心这件事情，但事情并非想象中的那么糟糕。一旦你平静下来，你就会发现事情仍在你的掌握之中，你心中的忧虑自然少了很多。有心理学研究表明：其实，人们忧虑的事情90%以上都不会发生。我们很多时候不过是庸人自扰。

心灵驿站

忧虑是健康的克星，忧虑对于我们的伤害并不亚于刀剑。每个人都有忧虑的时候，不要彷徨无助，不要退缩，只有勇敢面对，才能摆脱忧虑的困扰，走出忧虑的困境，让健康和快乐重新回到我们身边，不让忧虑束缚我们前进的脚步。

珍惜自己拥有的，不被怨气所累

抱怨，可以说是人们生活的一部分，它在不断地影响着我们的生活。卡耐基说：“在地狱中，魔鬼为了破坏爱情而发明的，总能成功的恶毒办法中，抱怨和唠叨是最厉害的了。它永远不会失败，就像眼镜蛇咬人一样，总是具有破坏性，总是置人于死地。”事实的确如此，我们的身边总是有那些爱抱怨的人，不是抱怨别人，就是抱怨自己。抱怨自己的人还经常执迷不悟，一旦有了这种情绪，就不知道珍惜眼前的一切，消沉而不再振作，让抱怨在心里恣意生长，并任由它毁掉自己。

在工作中，我们也许遇到过类似的状况。周婷婷是技术出身，现在与已经当上总经理的一个同学是同事。当时总经理“几顾茅庐”才把她从外资企业请出来，她在公司主要负责IT技术研发和销售。来到公司后，周婷婷开始大刀阔斧引进新技术，工作做得有声有色，很快就初显成效，公司发展迅速，很快就被一家知名外企并购。她从原来的技术部负责人升职为副总经理，被委以重任。当然这也意味着更大的责任，公司要求她引入外资企业先进的管理方法，全面负责公司运营。

自从担任副总经理后，周婷婷觉得自己的情绪随时可能爆发。公司搬迁选址，既要经济又要交通便利；购置办公设备，既要控制预算又要设备先进。特别是前一阶段，由于产品调整，旧产品被出售给其他公司，一批员工要被裁掉，周婷婷整

恬恬感觉自己整个人都不一样了，她不仅和同学一起热闹地聊天，还为过生日的同学献歌一首。

生日会后，恬恬每天都是高高兴兴的，回家后叽叽喳喳地和妈妈说在学校发生的趣事。恬恬说她才发现原来跟大家在一起这么开心。现在，她也有了无话不谈的朋友，感觉每天都十分美好，上学也成了每天期待的事情。恬恬问妈妈，自己过生日的时候可不可以邀请同学到自己家里来玩，妈妈高兴地表示同意，还说会准备很多好吃的小点心招待恬恬的同学们。从这以后，恬恬逐渐走出了孤僻的阴影，性格也开始变得开朗起来。

从恬恬的身上可以看出，有些性格孤僻的孩子，真正地融入人群，与人交往后，在潜移默化中，人也开始变得开朗起来。

那么，我们还可以通过哪些途径走出孤僻呢？

1.学会交往技巧，优化性格

平时，你可以多看一些交往类的书籍，多参加一些社交活动，多与人交往，在活动中逐渐培养自己开朗的性格。不要把自己封闭在自己的世界，要敢于与他人交往，虚心听取别人的意见，真诚和人交往。在交往的过程中，你一定会收获很多，获得可以交心的朋友。友谊不仅愉悦了你的身心，更会重树你在大家心目中的形象，改善你孤僻的习惯。长此以往，你就会喜欢与人交往，喜欢结群，变得随和。你可以先从结交一个性格开朗、志趣高雅的朋友开始，让自己开朗起来。

2.正确评价自己和他人

孤僻的人一般不能正确地评价自己，要么认为自己处处不如人，害怕融入人群，怕被别人讥讽、嘲笑、拒绝，从而封闭自己的世界，保护着脆弱的自尊心；要么自命不凡，不屑于和别人交往。

孤僻者需要正确地认识别人和自己，多与他人交流思想、沟通感情，享受朋友间的友谊与温暖。

正确评价自己首先要学会自信。自爱才有他爱，自尊而后有他尊。自信也是如此，在人际交往中，自信的人总是不卑不亢、落落大方、谈吐从容，而非孤芳自赏、盲目清高。自信是对自己的不足有所认识，并善于听从别人的劝告与建议，勇于改正自己的错误。

其次要学会赞同别人，赞同是人心之间沟通的温泉，保持坦诚去对待他人，听取别人的意见，把人与人之间的不同变为相容，减少矛盾。

3.建立自己的朋友圈

每个人都有自己的朋友圈，有些人的性格、理念并不合群，这也就造成了在交往中的失败，但这只是个例，其实大多数人还是十分友好坦诚、互相尊重的，你一定会找到志同道合的朋友。如果自己无法解决心理上的问题，就主动找人求助，必要时去医院看心理门诊，找医生好好聊一聊，进行心理调适。

心灵驿站

孤僻的天空是灰暗的，孤僻的性格是痛苦的。要想走出孤僻的世界，应该打开心扉让阳光涌入，多与人交往，锻炼自己的社交能力。让我们远离孤僻，感受生活的美好！

握好积极这把钥匙，远离抑郁

抑郁是一种很常见的现象。几乎所有人都体验过沮丧、忧郁的心情，它是一种忧伤、悲哀或沮丧的情绪体验。

抑郁一般表现为情绪低落、沉默寡言、莫名发脾气、喜欢独来独往、悲观，同时也伴有失眠、没有食欲、乏力、心慌等症状，严重的还会有自杀倾向，并做出一些极端行为。

很多时候，让我们感到抑郁的，并不是那些不好的事情，而是我们对待事情的态度。当我们以一种消极心态去面对遇到的事情，就会情绪低落、抑郁。

其实，只要把握好积极这把钥匙，就能远离抑郁，重新恢复心态的平和。

13岁的李琼已经是北京某学校高中一年级的学生了，她从小天资聪颖，连续跳了几级，是老师、同学眼中的“小神童”。父母也以她为骄傲，早早就计划着让她出国留学。

可是，一件小事发生之后，一切似乎开始有了变化。为了高一上学期期末考试，李琼尽全力做好了准备，但考试前夕，她患了重感冒，连续发了几天高烧，声音嘶哑，浑身难受。

父母关切地劝道：“这次别考了吧！”但李琼一贯好强，自从她听说了女孩子在小学、初中成绩优秀，到高中就会大滑坡的论调后，就暗下决心：“我绝不会这样。”高烧稍一退，她就拖着病体上了考场，最后考了全班第15名。成绩并不坏，但是她最擅长的英语只考了60分。想起曾经自己获得英语演讲比赛第一名的辉煌，她的心里十分失落，整天没什么精神，连平时喜欢的书法都失去了兴趣。

之后，她在课堂上也不像之前那么积极了，她的好朋友看到这种状况，赶紧跑来陪她。她们一起去逛街、游玩，还时常逗她开心。一段时间后，她的状况开始好转，又变回了之前那个开朗的小神童。

李琼正是因为在朋友的陪伴下，有了积极的态度，才摆脱了抑郁的束缚。抑郁的情绪在现代生活中是十分很普遍的，那么怎样才能走出抑郁呢？

1.正视自己的失败

每个人都有失败或者挫折的经历，它们只是人生的必然经历。一时的失败并不意味着永远的失败。成功者所以成功，并不是他们没有遇到过挫折、失败，而是他们有对待挫折、失败的正确态度。我们可以从失败的经历中总结出宝贵的经验，为以后的成功做准备。

2.换一种思维方式

打败抑郁最好的方式，就是换一种思维方式。尽管可能还有那么多令人厌烦的事情要面对，但是我们可以把自己的注意力转移到一些积极的活动中去。如果我们把全部的时间都用在痛苦的挣扎中，那么只会加重自己的痛苦。如果投身积极的活动，就能转换心情。换一种思维方式看世界，发现生活的别样精彩。

3.听音乐、解抑郁

音乐能直接进入潜意识领域，所以它是驱除心理疾病的最佳医疗手段之一。有关研究结果表明，音乐的旋律、节奏和音色可以引发情绪反应，松弛神经，从而对心理状态产生影响。

当你感到孤独无助，得不到别人的理解，得不到别人认同，对任何人、事、物均提不起兴趣时，不妨听听音乐，在享受音乐的美的同时放松身心。

心灵驿站

天有不测风云，人有旦夕祸福。人生的路上总是少不了不良情绪，任何人都曾有过失败，体验过一些不愉快的经历，我们的情绪也会受到一定的影响。

这时，你一定要好好调节自己的情绪，把握好积极这把钥匙，打开心中抑郁的枷锁。

友谊的力量让我们无限向上

人的一生如果有几个知己好友，不仅可以得到情感上的慰藉，而且可以和朋友互相砥砺，共同患难，共同进步。朋友有时也是你的眼睛，他们站在客观的立场，可以看到比你清楚得多的现实，然后给你最中肯的意见，让你看清你所处的位置，让你少走弯路，减少不必要的损失。朋友如一缕阳光，给予我们无限向上的力量。

很多人之所以成功，并不是因为具备了多么好的专业素养，更多的是因为他们有良好的人际关系。这些人会多花时间与那些在关键时刻可能对自己有帮助的人培养良好的关系，促使自己不断成长，互相督促。

北宋宰相寇准与张咏是多年好友，寇准有治国兴邦之能，张咏则擅长诗文。他们的共同点就是为人耿直，不卑不亢。张咏在天府之国四川做官，饱览西蜀风光。那里人杰地灵，物华天宝，张咏喜欢和同僚登高临风，一览无余，切磋阴阳八卦，抒咏豪情壮志。一天，同僚们聊到他和好友寇准："听说寇准要当宰相了。你和他可谓是当今双杰。"张咏并没有压人抬己、嫉贤妒能之意，如实说："寇公奇才，可惜学术不足。"

后来，张咏从成都回来，拜访寇准。两个老朋友一见面，既不作揖也不打拱，只是拍拍肩膀，嘘寒问暖，话多得说不完。寇准摆下百禽宴，盛情款待他。酒逢知己千杯少，你来我往，杯盏交错，喝得酣畅淋漓。天下无不散之酒席，朋友也到了要告别的时候。不久之后，张咏要回成都了。离别前，寇准诚恳地请张咏赠言指教。张咏没有像别人那样，只祝愿“寇公多多高升”，更没有说“听君一席话，胜读十年书”的恭维话，他只说了句：“《霍光传》不可不读。”送走张咏，寇准回家后立即找出《汉书》，翻到《霍光传》，逐字逐句地研读，一直读到末尾，才看到“光不学无术”这一句。寇准恍然大悟：“张咏是说我的缺点啊！”从此寇准刻苦研读，成了忠贤皆备、文武双全的好宰相。

人生知己难得，像张咏和寇准这样真诚的友谊已不多见。朋友就应当像张咏那样能够指出对方的不足，帮助对方不断地提高自己，见证友谊的力量。

那么，怎样获得让自己受益终身的友谊呢？

1.真诚

真诚以待是交友之本。我们应当真心诚意地去对待朋友，尔虞我诈和虚伪的敷衍都是对同仁关系的亵渎。真诚不是写在脸上的，而是发自内心的，伪装出来的真诚比真正的欺骗更令人讨厌。

不因他人的贫贱而歧视对方，也不因自己的富贵而瞧不起他人时，你就会收获许许多多纯真的友谊。

2.主动接近别人

友谊，也是需要你勇敢地走出第一步的。当你与一个人初相识的时候，假如你想要与对方交谈，你不妨主动和别人交流，清晰地表达自己的意思。只要不失态，随便谈什么话题都可以。

假如你讲了一个笑话，不要认为自己傻；假如你感到窘迫，并希望别人能够接受你，也不要觉得自己不够稳重。尽可能去结交几个志趣相投的朋友，把他们找出来，不要过于苛刻地要求对方。

3.理性看待朋友的优缺点

一个人的优点和缺点往往是相对的，有时候由于你态度的不同，优点也会变成缺点。

一开始就同与自己情投意合的人交往，自然会看到对方的优点。即使他可能是马马虎虎、粗心大意的人，你也可以看成是不拘小节、胸怀坦荡的人。

如果与自己认为不好的人交往，结果则完全相反，细心的人也可能被你看成是斤斤计较的小人。这都会受到自己的看法和观点的影响。我们要冷静地看待别人，认识到缺点也可以是优点。总之，最重要的是要试着改变自己看问题的角度。

心灵驿站

在我们遇到困难时，我们可以寻求朋友的帮助，借助朋友的力量。也许只是一点小鼓励，一点小意见，就能够让我们勇敢地面对人生的磨难，勇往直前，到达新的高峰。相信朋友的力量，相信自己。

战胜猜忌，远离庸人自扰的怪圈

我们不能否认，每个人心中都有疑心、猜忌。在历史的长河中，因猜忌造成的悲剧可以说是数不胜数。从古至今，从宫廷争斗到民间纠纷，猜忌这个罪魁祸首制造了多少血淋淋的悲剧。而在现实生活中，哪怕是一点点猜忌，也可能使我们失去最珍贵的东西。

老王夫妻俩一直在一个繁华的小镇上生活，家里主要靠老王做点小生意维持生计。虽然生活富足，夫妻二人却经常会因为一些鸡毛蒜皮的小事吵嘴。有一次，老王收摊回到家吃晚饭，因为当天生意十分好，他就叫妻子做了两个拿手小菜。

饭间，老王又想，若是配上美酒岂不是一大乐事？于是，他让妻子去厨房的酒缸里取些酒来。妻子来到缸前，发现缸里居然出现一个女人，顿时冒出一股邪火，心想：莫不是他在外面拈花惹草，还藏了个女人在缸里？她越想越觉得自己是正确的，就再次朝缸里确认了一下，那个女人果然还在。于是，她扔掉瓢，开始大骂老王。

在外屋的老王被骂得丈二和尚摸不着头脑，他来到厨房，迅速冲到酒缸边，想要一看究竟。结果，这一看不要紧，气得老王是浑身发抖。原来，他在里面看到了一个男人，于是不由分说地骂起来："明明是你藏个奸夫在里面，却倒打一耙，来污蔑我。"

就这样，老王夫妻开始拳脚相向，两个人都负伤了。

第二天，老王一大早就给妻子递上一封休书，上面列举了妻子的“丑行”。对此，妻子自然不服气，最终两人大闹到了公堂。

县太爷让二人将事情的来龙去脉诉说一遍，之后他基本上知道了是怎么一回事。于是，就吩咐衙役去老王家把那口惹事的缸抬到公堂之上，并命令衙役当场砸了那口缸。顿时，缸中美酒洒了一地，老王好不心疼，那可是他珍藏了好几年的老白干。

很快，酒尽缸底现，可是哪里有半个男人、女人的影子？瞬间，二人似乎意识到了什么，既心疼又羞愧地离开了衙门。他们终于知道了事实真相：他们所看到的人只是他们自己的影子而已。当时因为猜忌心太重，他们失去了理智，连简单的常识都忘了。

故事让人有些啼笑皆非，不过，笑过之后又让人不禁深思。猜忌往往会让人整天疑心重重、无中生有，比如，每次听到别人在旁边说悄悄话，就认为别人肯定是背着自己在说自己的坏话。猜忌成癖的人，往往捕风捉影，节外生枝，横生事端。相互怀疑常常会使人际交往形成一种恶性循环，许多原本很好的人际关系就是因为猜忌才被破坏。人际交往永远是相互的，你给予对方真诚，对方也会与你坦诚相见，你怀疑别人，那别人对你同样不会信任。

我们必须认识到，猜忌是人性的恶之花，如果我们不采取行动摘除它，它就会将我们推向万恶的深渊，哪里还能谋求发展呢？

生活中也不乏因猜疑而损人害己的事例。那么，我们该如何克服这种不健康的心理现象呢？

1.多沟通，解除猜疑

猜忌不仅是对人际关系的摧残，更是对心灵的折磨。但是它难以避免，因为每个人都有疑心，这只是一种正常的自我保护的心理活动。

在人际关系中，人们之间发生的冲突、矛盾，很有可能是互相猜忌引起的。这时，双方不妨坐下来沟通一下，这样不仅能明确地表达自己的意见，也能对对方的想法有所了解，消除误会，从而避免因误解而产生的矛盾。

2.想法不要太主观

一些人在生活中之所以常萌发猜疑心，一个重要的原因就是思维方式上主观臆想的色彩太浓，总是无根据地加强心理上的消极自我暗示。这自然是不好的。解决的方法也简单，那就是多沟通交流，交心方能知心。人们常说："长相知，才能不相疑；不相疑，才能长相知。"这话是很有道理的。人际交往过程中要做到真诚相待，开诚布公，相互信任。只要以此为基础，主观色彩很浓的猜忌心也就烟消云散了。

3.从心理上根除猜忌

行为是对心理动态的执行，如果从根源上把猜忌清除，那么行为也就会与之决裂。如果你对别人有偏见，不喜欢那个人，你就要告诉自己，他并不是坏人，他还是有很多优点的，自己只是忽略了而已。经过长期的心理斗争，你必定能根除猜忌的不良心理。

猜疑心理于人于己都会产生负面影响，我们可以拨开心头的疑雾，摘下有色眼镜，将爱和信任撒向人间，还给自己和他人一种好心境。

心灵驿站

猜忌心理是人际关系中的蛀虫，不但让人生厌，影响正常的人际交往，还不利于个人的身心健康，对自己没有什么好处，所以请不要随意猜忌别人。人与人之间的交往须建立在彼此的信任上，你信任别人，别人才会以真诚相待。

探索源头，摆脱童年的心理阴影

对于童年的记忆，我们总会有许多挥之不去的感觉。这些感觉很微妙，它们是外界刺激对心灵产生的巨大影响。它们可能一直潜藏在我们的心灵深处，给我们带来深远的影响。

童年对于人的影响是深远的。心理学家告诉我们，一个人即使到了老年，他的许多行为都与童年的经历有密切的联系，一个人心理的形成，可以追溯到童年时期的经历，尤其是那些记忆深刻的事情。小时候经历的不好的事情，也许会像一块烙印一样久久留在自己心上，给自己带来一系列负面影响，如产生自卑、怯懦、悲观、偏激等情绪。

丽丽今年18岁，正在上高中。最近她的父母发现丽丽的情绪总是喜怒无常，前一秒可能还在高兴地大笑，下一秒可能就突然甩门而去，一点小事都能引起她情绪的大波动。她的父母对此毫无办法，家里总是一团乱。为此，他们专门带着丽丽到医院进行了心理咨询，经过具体诊查，医生发现，丽丽的情绪反复和她的童年经历有很大的影响。

原来，丽丽在上小学的时候，由于父母外出打工，没有时间照顾她，就把她送到了外婆家。外婆很尽心地照顾她，但是由于生病，后来就雇用了一个保姆。保姆来到家里后，觉得自己照顾丽丽是额外的负担，不仅照顾得不尽心，还时常动手打骂，长此以往，丽丽的心中留下了无法除掉的心理阴影。

显而易见，丽丽是由于童年的心理阴影，才患上了心理疾病。童年的心理阴影不仅会影响我们的心理，还可能会危及我们的生命。

英国著名网球明星吉姆·吉尔伯特小的时候曾经经历过一次意外：一天，她跟着妈妈去看牙医，这本来是一件很小的事情，直到她亲眼看到妈妈死在了牙科医院的手术椅上。

原来，她的妈妈在治疗牙齿的过程中突发了心脏病，这是谁都没有预想到的事情，却让小女孩看到了惊人的一幕，成了她童年的阴影。这个阴影在她的心中一直存在着。也许她没有想到要看心理医生，也许她从没有想过应该根治这个伤痛，她能做的就是回避、回避、永远回避，在牙痛的时候从来不敢去看牙医。后来她成了著名的球星，过上了富足的生活。有一天，她被牙病折磨得实在忍受不了了，家人都劝她，让她到医院治疗，如果不愿意的话，这里还有你的私人律师、私人医生，所有的亲人都陪着你，你还有什么可怕的呢？于是大家为她请来了牙医。然而，意外的事情发生了：正当牙医在一旁整理手术器械、准备手术的时候，一回头，吉姆·吉尔伯特已经死去了。当时伦敦的报纸记述这件事情时，用了这样一句评价："吉姆·吉尔伯特是被40年来的一个念头杀死的"。

对于每一个人来说，童年的经历对其一生都有着深远的影响。童年时期的每一个心理感受都有可能影响他一生的心理、品质、性格等。一方面，童年中经历的那些好的事情、留下的美好感受，能给我们的一生带来积极的、正面的影响；另一方面，那些小时候经历的不好的事情也能像一块烙印一样久久留在我们心上，给我们带来一系列的负面影响，这又是值得担忧的。如果我们小时候受到的负面刺激较为严重，那么我们心中就会形成一块阴影，给我们的性情、人生观和价值观带来一些不好的影响，比如产生自卑、怯懦、悲观、偏激等情绪。

童年的阴影和过去的伤痛都是难免的，重点在于你怎样看待这些伤口。环境被污染了，有自净能力。人也一样，只要还活着，时间就是最好的治愈良药，那些曾经的伤口也终将治愈。生活的磨砺会促使我们不断成长。那么，怎样摆脱童年的心理阴影呢?

1.树立起自信

想要摆脱童年阴影的影响，不妨先试着树立自信。自信是支撑一个人筋骨和精神的非常重要的品质。一个自信的人，他的人生是不会太差劲的。

想要给自己树立自信，可以通过不断给自己积极的心理暗示让自己明白，童年的不幸经历并不是由自己的错误造成的。要相信自己的能力，自己一定会成为一个品德高尚的人、有非凡成就的人，自己完全有能力过一种与童年不同的生活。另外，我们还可以从自己的工作和其他事情中找到自信。完成一些事情所获得的成就感，将会大大增加我们的自信。

2.勇于面对失败

成功路上，我们总要遭受很多的打击和失败，和童年的阴影一样，它们都是生活的一部分，不管你是否想要接受它们，它们都是客观存在的。我们应该采取现实的应对态度，面对问题、解决问题，那么，跨过这一步也许就是柳暗花明!

3.憧憬未来

不要总是沉浸在过去，过去的一切都已经过去，那些悲伤、痛苦的记忆已经远去，重要的是当下和未来。只有放下过去才能追求更加美好的明天，不管现实多么残酷，我们都应该始终有积极进取的精神，这样才能让生活更加精彩，从而收获更加幸福的未来。

心灵驿站

人在儿童时期所经受的刺激往往会导致不同的心理阴影，对我们以后的人生产生重大的影响。如何走出童年心理阴影？这需要一个过程，你需要面对、接纳、包容，然后才能超越，从而创造更好的明天。

第04章

负面情绪是幸福生活的蛀虫：正确认识负面情绪

在竞争激烈的社会，我们常常被各种各样的问题困扰，人际关系的矛盾，工作中的压力等，这些问题带来了诸多的负面情绪，这些情绪严重侵蚀着我们的心灵，让我们的工作、生活偏离原来正常的轨道。其实情绪本没有好坏之分，这完全取决于我们是否能够正确地认识并恰当地利用它们，让自己的生活更加快乐。

别让负面情绪缠上你，扰乱生活

列夫·托尔斯泰曾说过：“愤怒对别人有害，但受害最深者乃是本人。”

负面情绪会干扰我们正常的生活，影响我们的判断能力，很可能让一件原本简单的事情变得复杂化。当我们感受到自己深受负面情绪的影响，偏离轨道时，应积极调整自己的情绪，否则我们的美好人生会被自己的负面情绪扼杀。

罗伯·怀特曾说过，任何时候，一个人都不应该做自己情绪的奴隶，不应该使一切行动都受制于自己的情绪，而应该反过来控制情绪。无论境况多么糟糕，你都应该努力去支配你的情绪，将自己从黑暗中拯救出来。

在生活中，我们也有过很多的纠结。小徐最近在计划买房子，这本是一件值得高兴的事，但也有一些小小的麻烦。其一是夫妻俩就房子是否贷款购买产生了争执，小徐想要贷款买房，自己拿剩下的钱作投资，到时也能赚一笔，还款压力也不大；但是妻子打算一次性付全款，哪怕借一点也可以，就这个问题，夫妻间发生了不少摩擦。其次就是房子的选址问题，小徐想要在当地买，工作在这边相对稳定，以后孩子在这边上学也能接受更好的教育，父母也能到这边养老，享受一下；但是父母想要他们在老家买，房子便宜，而且相熟的亲戚都在附近，有什么事情也能照顾到，两边意见始终不统一。小徐每天忙完工作后，还要面对这些问题，真是焦头烂额。

在一次单位的部门讨论会上，小徐因为一点意见分歧，与同事发生了激烈争执，这就像他情绪宣泄的突破口，他的情绪一度失控。同事们都很意外，平时彬彬有礼的小徐，究竟是怎么了？小徐自己也很惭愧，当着那么多人，自己像个孩子似的大发脾气，实在太不应该。但是这些来自家庭的负面情绪不断困扰着他，始终无法宣泄。

那么，当我们面对这些负面情绪时，应怎样调整呢？

1.适当倾诉

人们有了烦恼总是希望能够有个人可以诉说，这样做确实能在一定程度上起到调节心理和情绪的作用。当有负面情绪时，不妨约三五好友聊聊天，一杯清茶，一杯咖啡，一段轻松时光，几许忧虑，尽情倾诉，把自己积郁的不良情绪发泄出来，共同分享，让忧愁减半，也让快乐加倍。

2.有意控制

当有不良情绪的时候，你可以巧用食物来缓解紧张情绪；当感觉到自己脾气无法控制时，赶紧自我隔离，做几次深呼吸，闭上眼睛静心思考。你也可以到附近的便利店，买点饮料或甜食。营养学家认为，食品中的糖类能帮助我们缓解紧张情绪，增强机体营养，唤起人的愉悦感。但也应注意，进食过多会加重消化系统的负担。

3.自我暗示

科学研究发现，人的体力、智力和情绪具有周期性。体力有时充沛，有时衰弱；情绪有时激昂，有时又会很消沉。所以人们有时会莫名地情绪低落。一旦遇到这种情况，就可以暗示自己：这只是自己情绪周期处于低落的阶段，一切都会好起来的。在此期间，尽量不要让不愉快的事情刺激你。即使遇到不幸与挫折，也切忌灰心丧气，应自我暗示：事情原本可能会更糟糕。

4.以静制动

当人有负面情绪时，内心都会十分激动、烦躁、坐立不安，我们可以不急于做事情，适当地调整一下，将精力转移到能够让自己放松的事情中去，不再纠结于负面的事情，或品一杯咖啡，或挥毫泼墨，这些看似与排除负面情绪毫不相关的行为恰恰是一种以静制动的独特宣泄方式，它能平息心头的怒气，从而调整负面情绪。

其实，宣泄负面情绪的方法还有很多，从小小的叹息、到放声大笑、打球、购物等都能发泄负面情绪。受个体差异和所处环境的影响，我们应选择适合自己的调整方式。

心灵驿站

人的情绪就如同天气，也会有晴朗明媚、和风徐徐和阴雨连绵、狂风暴雨的差别。但是，我们的情绪并不像天气那样具有不可控制性，因为我们内心的天空是受自己调控的。当我们深受负面情绪的影响时，应加强自我调整，不断排除负面情绪，培养正面情绪，以免我们的命运渐渐被负面情绪扼杀。

不让压力发展成为负面情绪，影响生活

现代生活和工作中，有很多人肩负事业和家庭的双重责任，压力随时都可能扑面而来，压力可能在拥挤的人群里，在来往的电话中，在敲打的键盘上，在严肃的商务谈判中，带给我们的感受也可能是前所未有的负面情绪。

在职场中，我们会遭遇很多压力。王女士就曾有这样的抱怨，她是一名保险公司的话务员。她的工资主要靠绩效，所以业绩是至关重要的。但工作中的竞争又十分激烈，对手都非常强大，自己每天还要面对客户咨询的各种各样的问题。再加上，公司对于每个月的业绩都有严格的要求，必须完成最低标准，前期需要投入很多精力，但是业绩又没有多少。她一直觉得工作很多，压力很大，这导致她经常莫名发火，经常失眠，这些都给她造成了很大的困扰，让她变得很郁闷，但又不知如何摆脱这种困境。

与她状况相似的还有在一家金融公司就职的张磊。他所在的公司发展势头良好，近期更是准备上市，他作为公司的人

力资源经理，公司对他的要求也就更高了。他说：“公司每天都有一堆的事情需要我去处理，而我要做的就是用创新思维去解决这些问题，并且要有具体的解决方案，还要注重工作效率。”这些都令他每天焦头烂额，在生活中情绪也不是很稳定。在压力面前他变得很焦虑、抑郁。张磊最渴望放假，逃离这种压抑的氛围。这种紧张的气氛让他无法全身心地投入工作，也造成了他的工作愈加不顺。工作的不顺又加重他渴望放假的心理。这就形成了一个恶性循环，使他很是苦恼。

通过上面两个案例，我们不难发现，压力会给人带来很多负面情绪，严重影响我们的生活，这一点是任何人都无法避免的。我们无时无刻不感受到压力的存在，那么我们该如何摆脱压力呢？

1.倾诉和宣泄

据研究表明，适时适地地大喊大叫、大哭大笑有助于提升自身免疫力、降低压力，以达到调剂身心的功效。日本心理专家认为，调整不良情绪最直接的方式就是发泄。日本很多企业里都有专门的“发泄屋”，里面放着不同大小和音质的鼓，员工情绪不好时可以到那里随意敲击，发泄自己的负面情绪。

当你觉得自己压力过大，已经超出自己的承受范围时，还可以适当地向自己的亲戚、知己好友、心理医生寻求帮助，共同讨论自己遇到的难题的解决办法，适当的倾诉可以缓解紧张情绪。同时，我们也要学会倾听，换位思考，听取别人的宝贵意见，从而远离诸多的不快与冲突。

2.运动和睡眠

无论是登山、散步、骑单车还是游泳、瑜珈，适度的运动不仅对身体有益，强化心肺功能、活络四肢，还可以帮助大脑生成和分泌提升情绪、纾解压力的“快乐荷尔蒙”，让自己不再沉浸于负面的情绪中。

3.听音乐、阅读和写作

在听音乐时大声唱，用力摇摆，会刺激脑部分泌某些物质，激发与愉快感觉有关的脑部组织。睡前听舒缓型的音乐，如古典音乐或轻音乐，可以缓解压力。阅读书报、写作也可以起到同样的效果，还能培养自己的兴趣爱好。美国心理学家曾作过写作测试，让一组人专写压力烦恼；另一组只写日常话题，持续六周后，前一组人员心态积极、身体更健康。

4.转换环境

压力大到严重影响自己的情绪时，可以到户外去放松一下，呼吸一下新鲜的空气，重新整理思路，让自己冷静下来，不因一时的情绪而影响自己未来的生活。转换环境还有很多方式，如外出旅行，去不同的地方，体验不同的风土人情，增长自己的见识，释放压力，让心灵深呼吸。

心灵驿站

我们每个人都有压力，来自家庭、工作、社会等的压力是客观存在的，你不可能消除所有的压力，但是我们可以把压力放在沙漏里，让它一点点囤积，又一点点漏下。当你的生活找到平衡时，心情会也重归平静。

空虚，让我们更容易被“坏情绪”影响

塞涅卡说：“人类最大的敌人就是胸中之敌。”在现代生活中，“空虚”在很多方面影响着我们的生活。我们可能曾有过这样的经历，明明有很多工作要做，但却一天什么事情都不想干，总是提不起精神，面对着电脑，不知道自己要做些什么，也不知道未来如何，心里空虚得要命。空虚是一种危害健康的心理状态，描述了一个人没有追求，没有寄托，没有精神支柱，精神世界一片空白的状态。在这样的状态下，人们很容易被“坏情绪”钻了空子。

在生活中，人们往往存在着不同的心态，有的人乐观，有的人悲观。乐观的人情绪平和安静，而悲观的人则很容易受到情绪波动的影响。空虚也是一种悲观的心态。空虚的人容易迷失自我，没有目标，没有心灵的归宿，他们想着一件微不足道的事情也能想出愤怒的情绪来。心的无力感让他们感觉到诸多不安的情绪。他们往往深陷一件事情中而无法自拔，想得越多，就越可能出现坏情绪。他们自己想从这个状态中解脱出来，可是，越是空虚，越是易怒，就越感到前途渺茫。这就是

一个恶性循环，情绪攻势越来越汹涌，并渐渐主宰了他们。

小刘和男朋友在一起已经六年了，都已经到了谈婚论嫁的地步，没想到却遭到父母的强烈反对。父母甚至说出要是选择男友就不是他们女儿的话。小刘内心十分纠结，未来该怎么办呢？是和男朋友分手，接受家人介绍的对象，还是坚持自己的选择，和男朋友远离家人？这好似一道艰难的选择题，小刘陷入了深深的矛盾之中。

白天，男朋友上班走后，小刘独自在家，没什么事情可做，内心的无力感和空虚感袭来，她觉得浑身没有精神，就想一直沉睡，摆脱这种状态。偶尔，她会思绪万千，想起与男朋友诸多的矛盾，以及父母的担忧，越想心中越是焦虑。有时候，想着想着，她就暗下决心："今天晚上和男朋友说分手的事情，一定不能心软。"于是，等到男朋友回家的时候，小刘就会莫名地生气，对男朋友发脾气，尤其是看到某些自己不能认同的行为时，小刘更是怒火中烧，大声斥责："我们结束吧，我不想继续了。"这样的情况经常发生，男朋友也感到很疲惫了。有时，他也会劝小刘："没事就出去透透气，换换心情，别胡思乱想。"小刘自己也清楚，自己真的是因空虚而生气的，可是又控制不住自己，不知道怎么办才好。

内心的空虚与对未来的迷茫，很容易让"坏情绪"钻了空子，就像小刘莫名其妙地发脾气一样。空虚的人，无一例外都会以冷漠的态度来对待生活，消极地对待事情，这会对我们产生不好的影响。那么，面对空虚，我们应该怎样调整自己呢?

1.有理想

俗话说：“治病先治本。”空虚的产生主要是源于对理想、信仰以及追求的迷失。知晓了空虚产生的根源，就要对症下药。你应该树立远大的理想、拟定明确的人生目标，这些可以成为消除空虚的最有力的武器。当然，这并不是说你树立了目标，空虚就会立刻消失，只有当我们坚定不移地向目标前进时，空虚才会慢慢地远离我们。

2.读书

书是知识的宝藏，给予人类无尽的财富，书是灵魂的钥匙，打开人类探索的大门。莎士比亚说：“书籍是全世界的营养品，生活里没有书籍，就好像没有阳光；智慧里没有书籍，就好像鸟儿没有翅膀。”书籍能够开拓我们的眼界，让我们看到另一个多彩的世界。读书，能够使我们空虚的心灵充实起来，领略更多的精彩。从书中汲取知识，吸收力量，即使我们身居陋室，甚至在荒无人烟的地方，也不会感到寂寞和空虚。

3.提高心理素质

有时候，不同的人在同一个环境中，因心理素质不同，也会有不同的表现。有的人遭遇了一点点挫折就一蹶不振，他们很容易陷入空虚；有的人面对困难却毫不畏缩，勇往直前，直面困境，并不会陷入空虚而不能自拔。所以，提高自我的心理素质，也能够有效地排解空虚，不给它进一步侵蚀心灵的机会。

4.保持积极、乐观的生活态度

生活本身是美好的，是否能够感受到那些美好的事物就取决于我们以怎样的态度去面对生活。总是消极面对生活的人，他们心中只有空虚，以及百无聊赖的寂寞；而对于积极、乐观的人来说，任何事情都充满乐趣，哪怕只有蓝天白云，他们依然积极地去感受大自然的美丽，有意义的事情太多，当自己的热情全部挥洒在这些事情上时，哪还有时间和精力去空虚呢？

心灵驿站

华丽的装饰，精美的食品，填补不了精神的空虚。有了空虚心理以后，不能着急，对付空虚最好的武器就是对生活要有目标、有乐趣。因为空虚的产生主要源于对理想、信仰以及追求的迷失。知道自己该干什么，就能活得快乐而充实。

别让他人的坏情绪传染给自己

美国心理学家加利·斯梅尔经过调查研究后发现，情绪是可以传染的，不管是积极还是消极情绪，都具有传染性。

美国心理学教授埃莱妮·哈特菲尔德经过研究后也发现，包括喜怒哀惧在内的所有情绪，都会从一个人身上“传染”给另一个人。人们可以从别人好的情绪中得到正能量，也容易受到坏情绪的感染，影响自己的情绪。事实上，不良情绪的传染是在潜移默化中进行的，人们在不知不觉中就被影响了，而我们还不自知。

周六，小樱来到一个珠宝店挑选自己喜欢的戒指，把一个装着几本书的包放在柜台旁边。在小樱挑选珠宝时，一位衣着讲究、仪表堂堂的男士也向这个柜台走来，为了不挡住柜台的珠宝，小樱礼貌性地把包移到了别处。可是，这个人却突然愤怒地瞪着小樱，告诉小樱说不要小人之心了，他是绝不会偷小樱的包的。他觉得他受到了侮辱，重重地把门关上，离开了珠宝店。

莫名其妙地被人教训一通，小樱表示很气愤，明明是好意，却被这样对待，她也没了看珠宝的心情，开车回家了。

在开车的过程中又遇到堵车，车辆只能缓慢移动。看到这样的状况，小樱就更生气了，各种抱怨，抱怨车怎么这么多，司机真讨厌，不断的鸣笛声真吵，这些司机简直就不会开车，还有前面的那辆车开得也太烂了，怎么学的车，真该重新学一下开车……

后来，小樱和一辆大型卡车同时到达一个交叉路口，小樱想："这家伙仗着他的车大，肯定会冲过去。"当小樱下意识地准备减速让行时，卡车却先减速停下来，司机将头伸出窗外，向小樱招招手，示意她先过去，脸上还挂着开朗、愉快的微笑。在小樱将车子开过路口时，满腔的不愉快突然全都消失了……

其实小樱的情绪一直深受别人的影响，而她自己还没有意识到。珠宝店中男士的莫名愤怒使得小樱感染了坏情绪；带上这种情绪，小樱眼中的世界都充满了敌意。直到看到卡车司机灿烂的笑容，他的好心情才消除了小樱的敌意，让她再次有了快乐的心情。

愉悦的心情会给人积极的影响，有益于健康；苦恼、消极的情绪则会给人负面的影响。既然别人的情绪对我们有那么多的影响，那么，我们怎样才能做到既让自己不受别人负面情绪的影响，又不把负面情绪传染给别人呢？

1.学会寻找对方身上的优点

即使你有一个情绪化的朋友，并且不得不去倾听，也不要逃避，自己若是厌恶，只会增加自己的负面情绪。你可以从其他方面入手，发现对方的优点，发掘对方身上的闪光点，这样你就可以摆脱负面情绪的影响。

2.坚持做自己，不受他人的影响

我们应该坚持做自己，做自己情绪的主人，不受他人的影响。即使别人源源不断地给你传递负面情绪，你也可以向对方传递你的正能量，助他脱离负面情绪的旋涡。

3.远离现场，重获冷静

在矛盾一触即发的时候，一句劝告、一个眼神都可能成为事情恶化的导火线。这时，我们不妨远离这个场所，让自己冷静下来，仔细思考事情是否真的值得我们那样做。也许微不足道的短短几秒钟，在避免发生事端时就会显得难能可贵。美国第三任总统杰弗逊曾说：“发怒的时候先数到10，然后再说话，假如仍然怒火中烧，那就数到100。”这样，绷紧的弦就会慢慢地松弛下来，你的想法可能会因此改变。

心灵驿站

决定生活如何的是我们自己，只要我们用积极的态度去看待事物，不让周围的坏情绪影响自己的心情，学会宽容对待身边的人和事，学会控制自己的情绪，不成为情绪的俘虏，每一天就会充满阳光和快乐。

第05章

排出焦虑这种精神毒素：不要苛求自己

越追求完美，完美就越不可得。其实，醉心于追求完美的人，本身就是不完美的，完美只存在于理想世界中，不要苛求自己，让自己深陷追求完美而产生的焦虑中。其实，人生难免有缺憾，痛苦与欢乐同在。因此，放弃那些思想与追求，我们才能享受到幸福的人生。

人为什么遭受焦虑的折磨

焦虑在诸多情绪中也是特别的存在，若把它形容为人类心灵的“怪物”一点也不为过。正如弗洛伊德所说的那样，“焦虑这个问题是各种最重要的问题之核心”，它不仅是人类全部心理问题的肇始者，更引领着人类心理生活的全部走向；说它是“怪物”，是因为它如影随形，没有人可以逃脱焦虑的困扰，它无孔不入，乃至渗入我们的工作和生活中，随时影响着我们。

焦虑的人大多会产生痛苦、自卑、悲观、报复等情绪，而且会对自己产生怀疑。而有严重焦虑情绪的人往往情绪激动、痛苦，他们睡眠质量下降、报复心极强、食欲缺乏、消化和呼吸困难，而且容易疲劳。甚至，焦虑还会威胁生理健康，引发如心跳加速、血压升高、呕吐、冒冷汗、精神紧张、肌肉硬化等病症。

焦虑的情绪已经严重地影响了我们的工作和生活。王丽一直是众人羡慕的白领丽人。她可谓是成功的，有稳定的工作，在具有广阔发展空间的公司就职，有优渥的薪水，有英俊潇洒并对她关怀备至的男友，还马上要步入婚姻的殿堂。然而，这些别人所羡慕的，却并没有使她远离痛苦。

她觉得每天做重复的工作，虽然薪资不错，但是也没有什么发展空间，提升的可能性也不大，感觉看不到什么发展前途，因此在工作上也不积极了。她想过换一份工作，但苦于没有合适的工作机会，也就暂时搁置了。但这些情绪已经在她的心里生根发芽。渐渐地，她总是莫名其妙地感觉苦恼，对男友也没有之前的温柔、体贴，总是动不动就大发脾气，虽然事后也经常感到后悔，但是还是无法控制自己的情绪。

王丽想要改变这种状况，也尝试过各种方法：听音乐、跑步、和朋友倾诉、逛街、购物，甚至跑到海边大喊。然而，这些只能让她摆脱一时的情绪干扰，获得短暂的宁静。回到现实后，工作仍然令她难以忍受，心情仍然是非常糟糕。在与焦虑的搏斗中，屡战屡败的她几乎要崩溃了！

王丽的这种情况在当今社会中并不少见，尤其是职场中的人们，无形压力往往使我们患得患失。焦虑的情绪潜伏在我们的身边，一旦遇到了它，我们便开始焦躁不安，顾虑重重，情绪处于崩溃的边缘，感觉浑身不自在，不堪忍受，丧失了自主性。我们有时不明原因地头痛，药物无法缓解疼痛；还有一些人关键时刻掉链子——平时考试很好，一到大考就发挥不出水平，这些都是焦虑的“功劳”。焦虑也使我们在追求快乐生活的道路上离快乐越来越远。

只有真正了解焦虑，才能有效地避免自己被它所累，不会在追求快乐生活的道路上离快乐越来越远。那么，生活中的哪些事情能够引发焦虑情绪呢？

1.心理因素

心理因素包括认知、情绪等。一个人的心理对人的性格有一定影响，就像有的人会莫名失落，这种低落会产生焦虑感，让一个人的情绪变得紧张起来，而紧张则会产生焦虑。

大凡历史上的领袖人物都非常自信，所以在表述时，他们神态自若、才思敏捷，兴奋与抑制过程始终处于最佳状态，应对自如、毫无做作、真切动人，从而产生极强的感染力和说服力，使自己表现突出，这也让他们离成功更近。

2.生活无规律

一般来说，一个人每天的饮食、睡眠应该是基本固定的，生活也是规律的。而有的人生活无规律，废寝忘食地上网，加班到深夜……这些不良的生活习惯，会导致人们精神疲惫、情绪烦躁，易患焦虑等不良心理障碍，这会严重影响工作效率和生活质量，严重危害身心健康。

心灵驿站

很多时候，换一种心态就能远离心中的忧虑，不再深陷其中。就像同时向窗外看，有的人看到漫天耀眼的星光，有的人看到的却是一片漆黑，想要怎样选择，全由你自己决定。星星在茫茫的夜色中虽微不足道，但它也是光明的化身，也能在黑暗的封锁中穿过夜空。摆脱了焦虑的束缚，我们才能活得从容，活得乐观。

不要自生自气，远离自卑的阴影

生活中，引起我们生气的因素有很多种，其中，有一种理由是十分常见的，那就是源于自己内心深处的自卑感。这也许有些无法想象，竟然有人因为自己的缺点，因为自卑而生气。但想想也是可以理解的，一个人如果自卑，总是看到自己的缺点，那么，他内心的气愤恐怕也是源源不断，发泄不完的，每天的生活就被生气围绕。

对于一个人来说，最值得担心的事情就是自己不够了解自己，更为可悲的是，他们还不懂得欣赏和肯定自己，被自卑控制，莫名其妙地发脾气。他们习惯对自己多方挑剔，感觉自己处处不如人，总是对自己不满意，诸如，自己身高不够高，腿不够长，脸蛋不够漂亮，家庭条件不够好等，这些都能成为让他们生气的理由。自卑常常在不经意间闯进我们的内心世界，控制我们的生活。自卑是阻挡人生成功的一大障碍，每个人都必须成功跨越它才能到达人生的巅峰。

现在已经成为奥斯卡影后的妮可·基德曼也曾有过自卑的岁月。那时，她总是认为自己不够优秀，处处不如人。所以，她做什么事情都是谨慎小心的。每当接拍一部电影后，她都非常紧张，努力调整自己的情绪。她曾这样说过："我是个内心脆弱的人，每一次要尝试新的角色，我总是有点歇斯底里，很想逃避，那些角色我实在没信心演好……"

但是，她最终没有选择退缩，而是不断前进，不断成长，调整自己的状态，努力发现自身的优点，用心演好每一个角色，拍好每一部电影。她的努力大家也是有目共睹，她出演的电影一部部上映，她一次次突破自己，从众人口中的“花瓶”角色，终成影后，在好莱坞电影界不断发展。

其实，与妮可·基德曼一样，每个人都曾有过自卑的经历，但是我们不能深陷其中，应该找回自己，勇敢面对现实的生活，努力调整自己的情绪，让自己与快乐相伴，主动走入人群，赢取别人对你的需求和喜爱。

那么，怎样才能走出自卑的阴影呢?

1.认清自己的想法

其实，自卑的情绪来源于你的内心，你自己的想法。这是一种消极的自我暗示，就是你不认可自己，觉得自己一事无成。正如哲学家斯宾诺莎所说：“由于痛苦而将自己看得太低就是自卑。”这也就是我们平常说的自己看不起自己。自卑者往往会有抑郁的表现，他们的思维方式也是一样的。所以我们先要改变自己看待问题的习惯，这样才能看到生活中的阳光、积极的一面。

2.增强自信

想要消除自卑最好的办法就是树立自信，它能让我们远离自卑，更容易获得成功。做事应有必胜的信心，消除自卑的最好方法就是对自己充分自信，因为自信会使你有所收获。同时，在有自信心的基础上，要有符合自己实际情况的“抱负水平”。

自信心过低不利于激发斗志，自信心过高易遭受失败。自卑者应打破过去那种“因为我不行——所以我不去做——反正我不行”的消极思维方式，建立起“因为我不行——所以我要努力——最终我一定会行”的积极思维方式。要正确而理性地认识自己，以坚强的勇气和毅力去面对困难，以自信来清扫自卑残留下的瓦砾。

3.全面看待失败

挫折和失败是人生必经的风景，没有经历过挫折和失败的人生是不完整的。如果不能正确看待挫折和失败就很容易产生自卑。同样是一个鸡蛋，从外部打破，就成为了别人的盘中餐；但若从内部打破，鸡蛋就能孵出小鸡，从而获得新生，以一种全新的面貌去面对接下来的挑战。

一个人面对挫折时也应该如此，正确看待它，不要只看到它给我们带来的伤害，丧失坚持下去的信心，而应从挫折中汲取经验，不断改变自己，塑造更加优秀的自己，不断成长。失败不可怕，可怕的是丧失信心，一蹶不振，不敢再相信自己，不敢再改变自己。

心灵驿站

生活每天都会给你不一样的惊喜，只要你不被自卑蒙蔽了双眼。每个人都可以过上自己梦寐以求的生活，只要你对自己充满自信，相信自己的实力，不让自卑阻碍自己的成功之路，生活每天都会给你惊喜。

不服气，所以自怨自艾

生活中，总是有这样的人，当他们有自己特别想要的东西时，却不知如何获得，强烈的失望感涌上心头，内心就十分气愤；有时候，即使不是特别想要获得的东西，但因为身边类似条件的人获得了，你也会愤怒，这些都是源于内心的不服气。而经常不服气的人，他们总是在为得不到而自怨自艾。

前不久，销售部的领导离职了，部门经理的位置空缺，许多人都梦想着坐上那个位置。在这场竞争中，小刘和小张是最有力的候选人。大家都知道，他们是多年好友，同时入职，在工作中都表现不错，这次竞争不知最后是谁获得优胜。对于这种状况，他们的上级王总监也十分苦恼，每个人都有自己的优势，选一个另一个肯定不服气，那该如何选择？

就在王总监感到左右为难之际，小张推开了办公室的门。她微笑着向老板说：“上次，那个大客户对我们的方案不是很满意，经过多次协商，需要我们重新提供一个新的提案，您看，这该如何是好呢？”听到小张的工作报告，一个主意涌上总监心头，他马上叫来了小刘。当着两个人的面，总监说道：

“你们俩都知道上次那个客户吧，那个方案是你们合作完成的，现在需要你们每个人拟定一个全新的方案。谁的方案获得客户认可，谁就是此次销售部经理的最终人选。小刘和小张开始全身心地投入到工作中。”

一周过去了，小刘和小张交上了自己拟写的方案，最终，客户似乎对小刘的方案更青睐，因此小刘成为了销售部经理。小张对此愤愤不平，工作也不认真了，还经常向身边的同事抱怨：“那么努力做什么，还不是别人坐上经理的位置，而我还只是个小小职员？”每天，小张除了抱怨还是抱怨，工作表现大不如前，老板对她很有意见，没过多久，小张就主动辞职了。

小张就是因为心中的气愤而不服气，自己还自怨自艾，严重地影响了自己和身边同事的工作积极性，最后落得个辞职的结果。有时候，面对人生的一些际遇，我们应该学会服气，放下心中的自怨自艾，发现自己的不足，从失败中分析原因，不断完善自己，每天以积极的心态来面对全新的生活，不要让心中的不服气毁了我们的生活或者工作。

1.从失败事实中看到积极的一面

虽然失败并不是件好事情，但也并不意味着失败就一无是处。失败能让我们重新审视自己，分析自己的利弊得失，也为下一次的成功指明正确的方向。这就是失败对我们的意义。除此之外，我们还应该看到失败过程中的小成功。毕竟在这个过程中会有无数个小成功出现。我们要做的不是死死盯着失败的事实，而应该看到一个个小成功，发现失败中的闪光点，这也是一根根拯救自己的救命稻草。

2.调整自己，悦纳对方

当对一个人不服气的时候，不妨调节自己，寻找对方身上的闪光点，发现自身的不足，学会悦纳对方。人应该要有些气度，量小非君子，妒忌生祸心，做人大气，方能大成，这是一种生存的智慧。胸怀博大，可容世界，不要让愤怒之火，燃尽了自己的生活！

心灵驿站

自怨自艾只会让我们凌乱的思绪与痛苦的心情变得更加糟糕，也会让我们在无谓的事情上浪费更多的时间与精力。所以我们要摒弃自怨自艾，让生活在积极的、阳光的环境下绽放光芒。

悲观只会加剧自己的焦虑

悲观是一种不好的人生态度。一个人一旦悲观，面对生活中的任何事情都不会有好情绪。

每个人的人生开始的时候都是一张白纸，人生的每一步都是我们自己的创作过程，是我们亲手把我们的经历、我们的遭遇、我们的挫折尽情展现在画卷上。不忧虑者会从中发现潜在的希望，描绘出亮丽的色彩；反之，忧虑者则总是在生活中寻找缺陷和漏洞，所看到的都是满目黯淡，觉得自己在黑暗中前行，内心更加焦虑。

有一位女士叫塞尔玛，她随丈夫去从军。部队驻扎的地方在沙漠地带，住所是用铁皮建造而成的，充斥在身边的不再是自己熟悉的人和语言，而是语言不通的印第安人和墨西哥人。更让她无法适应的是当地的高温，最高能到华氏125度。更糟糕的是，她丈夫又奉命远征，她自己孤身一人，连可以说话的人都没有。因此她整天愁眉不展，度日如年。

她觉得自己很痛苦，很焦虑，无法排解这种情绪，很暴躁。于是，她只好写信给父母。好不容易盼来了回信，打开一看，内容却让塞尔玛大失所望。来信只有三行字："两个人在监狱的铁窗里往外看，一个看到的是地上的泥土，另一个看到的却是天上的星星。"

塞尔玛反复看，反复琢磨，终于明白了父母的苦心，原来父母是希望她不要总是悲观地看问题，不要让自己困在自己的悲观世界里，可以试着重新看待这个世界。

她开始尝试和那些印第安人、墨西哥人交流，相处的过程中才发现他们十分热情好客，总是给她无限惊喜；她开始研究沙漠里的仙人掌，这时她惊奇地发现那些仙人掌千姿百态，使人沉醉着迷。

经过这样的尝试，塞尔玛发现自己的世界彻底变了。尽管沙漠还是原来的沙漠，铁皮房还是那个铁皮房，印第安人、墨西哥人也都没有改变，但是她的内心开始发生改变了，她也开始看到了外面世界的闪闪星光，从悲观到乐观的转变，让她找到了价值和快乐。

后来，她根据自己的亲身经历写了一本叫《快乐的城堡》的书，引起了很大的轰动。

生活中，如果你放纵自己的悲观情绪，那么忧虑将伴随你一生。

有一个人这样诉说他的忧虑：清晨起床，他想要呼吸新鲜的空气，但是突然想起最近城市污染严重，到处充斥着雾霾，而吸进这样的空气可能致癌，也就放弃了开窗的打算。他端起一杯咖啡，却突然记起健康专家的忠告，喝过量的含兴奋剂的饮料会引发心脏病，也只能放下咖啡。他走下楼梯，眼前又突然出现一个月前邻居不慎摔死在楼梯上的情景。每时每刻都可能发生的危险使他心中充满恐惧。

事实上，要想克服一些琐事引起的烦恼，让自己有一个新的、开心点儿的心情只需要做一些小小的改变。

那么，我们该如何改变呢？

1.转移注意力

当自己不开心的时候，可以将自己的思维转移到其他事情上去。比如，你在工作中遇到了麻烦，很不高兴，那就想想让自己高兴的事情，或者想想领导表扬你勤奋、努力的时候。这时，我们就会变得快乐、积极起来。

2.学会遗忘

学会遗忘，你会更快乐：忘掉年龄，保持旺盛活力；忘掉怨恨，宽容对事、对人；忘掉悲痛，从伤心中解脱出来；忘掉气愤，想得开，活得快活；忘掉忧愁，减少疾病缠身；忘掉悔恨，过去的就让它快点过去；忘掉疾病，减轻精神压力；忘掉名利，生活更加潇洒。

思想上的遗忘如同机体的新陈代谢一样，能够让自己不沉浸在悲伤中。

3.丰富自己的精神生活

精神的引导力量是无穷无尽的，当我们沉浸在悲伤的情绪中时，不妨利用丰富精神世界、精神生活的方式让自己逐渐摆脱悲观情绪，重新恢复到健康的状态。

你可以投入到阅读、听音乐、体育运动、旅游等活动中去，丰富自己的精神生活和精神世界，让自己过得充实而快乐。这样一来，悲观也就消失于无形了。

心灵驿站

对每个人来说，悲观、忧虑就是飘浮在天空中的乌云，它遮住了生活的阳光，让我们笼罩在一片黑暗中，看不到生活的希望。为了能够重见生活绚烂的阳光，我们应该远离悲观、忧虑，用积极乐观向上的人生态度生活。

无须比较，你就是独一无二的

莎士比亚曾说过：“你是独一无二的。”我们本身就拥有很多，每一个人都是独一无二的，不用羡慕别人的容貌和姿态，用不着被别人的大肆宣扬所蛊惑，也不用慑于别人的威名而人云亦云。你不必做一个讨人喜欢的“奴仆”，而要做一个忠实于自己的“主人”。有位哲人说得好：“假如我是因为生来如此，你是因为生来如此，那么我是我，你是你。但是，假如因为你而我是我，因为我而你是你，那么，我不是我，你也不是你。”

一对青年男女经过甜蜜的爱恋，终于步入了婚姻的殿堂，他们开始面对生活中鸡毛蒜皮的小事，每天为谁做家务争论不休，为家庭的花销而开始斤斤计较。妻子整天为缺少财富而忧郁不乐。她想要属于自己的小房子，而不是租住在小小的空间里，还要支付高额的房租……妻子常常为这些发愁，和别人一比，自己真是失败。与妻子的闷闷不乐不同，丈夫是个乐观的人，还常常开导她。

一天，他们去医院看望一个同事。朋友说，医生说他是因为过度疲劳引起的疾病，他就想起了自己的日常生活，每天都没有多少自己的自由时间，常常加班到深夜，现在是有钱了，但是身体受不了了。从医院回到家里，丈夫就问妻子：“如果给你很多的钱，但同时让你跟他一样躺在医院里，你愿不愿意？”妻子想了想，说：“当然不要啦。”

周末，他们一起去郊外散步。他们经过的路边有一幢漂亮的别墅，从别墅里走出来一对白发苍苍的老者。丈夫又问妻子：“假如现在就让你住上这样的别墅，同时变得跟他们一样老，你愿意不愿意？”妻子不假思索地回答：“我才不愿意呢！”

他们所在的城市破获了一起重大团伙抢劫案。这个团伙的主犯抢劫数额巨大，被法院判处死刑。

罪犯押赴刑场的那一天，丈夫对妻子说：“假如给你一百万，让你马上赴死，你干不干？”

妻子生气了：“你胡说什么呀？给我一座金山我也不干！”

丈夫笑了：“这就对了，你看，我们原来也是富人呢！我们都是独一无二的，我们拥有生命，拥有青春和健康，这些财富已经不是金钱能够衡量的，我们还有能够创造财富的双手，你还愁什么呢？”妻子把丈夫的话细细地咀嚼、品味了一番，从此不再为这些事情而忧愁，人也变得快乐起来。

同样为人，成长环境、聪明才智、受教育程度、社会背景、人脉关系都是有区别的，不能比较。别人能做的事我们未必能做，我们能做的别人未必能行。每个人有每个人的道，没有可比性，你就是独一无二的存在。

1.比较，会使人丧失理智

比较，会使人丧失理智，变得疯狂，最终不但不会以适合自己的办法达到自己的目标，反而会在比较的陷阱中忘记自己是谁，忘记自己要干什么，能干什么，前行的方向在哪里。

人一旦陷入比较的陷阱中，就会找不到自己的正确位置，找不到适合自己发展和成功的空间。结果是，该做的事情没有做，想做的事情没做成，不该做的事情做得很失败。

2.不要比较，自己就是独一无二的

总而言之，你就是你，不要与别人进行无谓的比较，你就是独一无二的。每个人都有自己的特色，保持自我的本色，才能拥有自己的风格，这样才能用自己的风采打造出自己的成就和独一无二的灿烂人生。

心灵驿站

如何解读幸福，每个人都有自己的答案，但有一点是可以肯定的，如果一个人总是和别人比较，只看到别人的优秀，却看不到自己的与众不同之处，看不到自己的独一无二，那就很难幸福。

第06章

抵制躁狂，让内心重归宁静

情绪是不可避免的，其对于我们的影响也很难消除，我们应该学会科学的调节方法，将消极情绪转化为积极情绪，使其对行为和意识产生积极影响。经过长期、耐心的自我情绪控制，我们往往能够获得内心的平静。

双向障碍，一种特殊的情绪障碍

人的个性各有不同，有的人内向、安静，有的人外向、活泼。当然，任何性格如果极端地出现，就是疾病的表象。有一种人不仅表现出极端的性格，而且会在两个极端之间反复。对于他们而言，内心深处“一半是火焰，一半是海水”，这就成为一种疾病。

刘洋就深受这种疾病的折磨。他是一位25岁的男青年，生得英俊帅气，心高气傲，总想成就一番大事业。从名牌大学毕业后，也投入到了找工作的大潮中，但是一时也没有找到合适的工作，整天在外面奔波。

而这个时期的他也变得让家人摸不着头脑。家人先是察觉到他变得喜欢与别人聊天了，谈天说地、不着边际地一聊就没完没了。而且，他每天精力充足，连睡觉时间都变少了，每天凌晨三四点钟就醒了。整个人变得十分情绪化，常常因为一些小事就和身边的人争吵起来。

他的变化还不止这些。他变得异常的自负，在别人面前自吹自擂，说自己才高八斗、相貌出众，追自己的女孩子已经排上了长队，整天兴高采烈、喜气洋洋。在他眼里，自己是很优秀的，生活是美好的，幸福是唾手可得的。

可是一个月后，刘洋就好像变了一个人，整天连个笑脸都没有。他整天闷闷不乐，开始对周围的一切事物感到悲观绝望，也不喜欢与别人聊天了，甚至懒得动，经常在床上赖一整天，不论家人和朋友怎么劝说，都不愿外出。与之前的状态完全相反，他现在觉得世界一片灰暗，什么事情都没有希望，自己好像掉进了十八层地狱一样。

就这样，刘洋在两年间多次穿梭在天堂与地狱之间，体验了神仙般的快乐，也忍受过孤魂野鬼一样的无助。

从病理的角度分析，刘洋就是典型的双向障碍患者，这也是情绪障碍的一种。

双相障碍的异常表现为：

1.躁狂状态

躁狂状态主要表现为情绪高涨、愉悦、兴奋，且这一状态会维持一段时间。整个人都沉浸在快乐中，而由于病人当前的情绪与他的行为相协调，所以这种情绪有很强的感染性。而在这个阶段，患者情绪波动较大，很容易因为一件小事而暴跳如雷，但是很快又被愉悦的情绪取代。

其次是行为活动明显增多。病人天不亮就起床，开始他那极为忙碌的一天，甚至不加考虑地去做一些不着边际的事情，结果总是见异思迁，有头无尾。多数病人病后变得特别慷慨，甚至挥霍浪费，买一些贵重而并非必需的物品，作为摆饰或随意送人。严重患者往往日夜不停地又叫又唱又跳，甚至无法坐定进食，行为无明确目的。

再次是思想奔逸。病人的联想过程明显加快，说话口若悬河，滔滔不绝，但见解多肤浅片面，内容重复，自以为是。症状较轻的病人注意力还可以集中，言语前后连贯，意义完整；病情较重时则注意力随环境转移，指导思想进程的观念可随着周围的，特别是新出现的事物而时时改变。一个话题未完，便又转到另一个话题；更严重时可出现语不成句，片段的言语之间只剩下音联、意联以及对周围事物的偶然联系，而缺乏意思上的逻辑联系。

最后是患者思维会显得特别活跃，说话时也非常兴奋，口若悬河，滔滔不绝。处于躁狂状态的人通常会夸大自己的能力、地位，他们很容易被激怒。

2.抑郁状态

双相障碍除了有躁狂状态的表现，还包括抑郁状态。

开始的症状为失眠，食欲不振，精神不佳，工作效率明显下降等，随着时间的推移，症状逐渐严重，出现情绪低落，悲观失望甚至消极自杀等症状。

抑郁情绪晨重晚轻的节律变化是抑郁症的一个重要特征，具有诊断价值。抑郁症的躯体症状要较躁狂症多得多。失眠是最常见的症状，特别是早醒，亦有少数病人表现为多睡。另一常见症状为胃纳下降、便秘，表现为整个消化道功能的减退。

心灵驿站

情绪是人对事物的最表面的、直接的、感性的情感反应。顺着情绪做事，结果往往都不太理想。我们应该学会控制自己的情绪，合理发泄情绪。世界本应是缤纷多彩，充满欢声和笑语的，不要让自己陷入负面情绪的旋涡，危害自己的健康。

分散注意力，远离躁狂

生活中难免遇到困难，若不发泄心中的不良情绪，任它们在我们的心中肆虐，那么将严重威胁我们的身心健康。同时，若我们将自己的情绪传染给身边的人，让朋友也深受其害，那么也会伤害到身边最亲近的人，甚至影响人际关系。其实，当出现不良的情绪，如躁狂时，可以将注意力转移到其他事情中去，让自己沉浸在喜爱的事情中，将不良情绪宣泄出去，让自己重拾好心情。

在古希腊神话中，有这样一个故事。大力士海格力斯有一次在路上碰到了一个小袋子，小袋子静静地躺在一条狭窄的山路上，把路给挡住了。他走过去的时候，顺便踢了小袋子一脚，想要把这路面给清理出来。没想到他踢了一脚，袋子不但没有滚开，反而膨胀了一下，一动不动地拦在路中央。海格力斯生气了，上去又“啪啪”踢了它几脚，却发现袋子越踢越大。最后，海格力斯找来一根大棒子，开始打它，打到最后，这个袋子就把这条路给堵死了。

这个时候，过来了一位哲人，跟海格力斯说：“大力士啊，你不要跟它较劲了。这个袋子的名字叫作‘仇恨袋’。它的原理就是越摩擦越大。当仇恨出现在你路上的时候，你置之不理，根本不去碰它，它也就这么大了，不会给你造成更大的障碍。等你逐渐走远，它就被遗忘了。但是，如果你跟它较劲，你越打，它就越大，最后封死你的整条道路。”

这个故事说的是仇恨，其实也适用于其面情绪，比如躁狂，只要我们不去过分地关注它，那么它自己也就随着时间的流逝而消失了。

晓婷现在是一个孩子的妈妈，她有一个可爱但很调皮的儿子。面对孩子的调皮以及错误，她知道体罚孩子的做法是不可取的，所以她在生活中一直不断告诫自己不要体罚自己的孩子。

有时实在太生气了，她就罚孩子去“面壁”。然而，她感觉自己还是低估了孩子调皮捣蛋的程度。孩子偏偏喜欢和自己对着干，你让他往东，他就偏偏要往西。有时候晓婷的儿子拿着钥匙去捅开关和插座，有时更是对来做客的小朋友恶作剧！刚开始时晓婷罚他“面壁”，可是这似乎并没有什么实际作用，孩子依然故我！ 她感觉自己要爆发了，有时候甚至想对着儿子和家人发脾气，但还是理智地控制住了！

然而不发泄出来实在很痛苦，于是她就想到一个办法，每当自己再也控制不住的时候，就拿起园艺剪走出去，开始修剪自家门口的花草；如果感觉还不解气，就扔下园艺剪开始拔草，狠狠地把野草连根拔出，一会儿就出一身汗，怒气也消了一半！

故事中发泄情绪的方法值得借鉴。那么，日常生活中我们如何转移注意力呢？

1.倾诉转移法

倾诉是一种有效的情绪调节法，倾诉的对象可以自己选择，他们可能是身边的朋友、家人、老师，甚至是陌生人。当然，最好的倾诉对象就是朋友。倾诉的内容一般涉及一些比较私密的事情，可能还与自己的切身利益有关，随便对同事和家人倾诉，不一定能敞开心扉，效果也可能不尽如人意。这时候，朋友的作用就显现出来了。当我们遭遇挫折，伤心难过时，朋友将给你坚持下去的力量，让你灰暗的生活中照进温暖的阳光。当然，朋友的关系也是需要维护的，应该保持和他们的联系，多些沟通，才能在有心事想要倾诉的时候，寻求朋友的帮助，排除负面情绪。

2.繁忙转移法

当有不好的情绪时，不妨给自己找一些事情做，将注意力转移到别的事情中去，不要过多地受不快乐因素的影响，让自己忙碌起来，不知不觉间，不良情绪就消失了。如去远方游玩一番，去听听演唱会，都是不错的选择。

3.适当地出去旅游

当走向更加广阔的世界，眼界开阔了，也就会不再纠结于眼前的不好情绪了。当你不快的时候，你会把心缩小，只关注给你带来痛苦的事情。一旦自己的心放大了，那么就将是另一番景象，那些痛苦开始变得微不足道，没那么大的影响了。因此，如果时间充裕的话，不妨出去走走，看看外面的世界，远离嘈杂的城市，开阔自己的视野，将自己的心放大，发现更多美好的事情。

心灵驿站

人生需要快乐，需要温馨的环境，需要和谐的人际关系，更需要一种调节情绪的能力。做情绪的主人，不要让坏情绪影响我们，使平静的生活陷入一团糟。我们应该学会巧妙地转移自己的注意力，感受情绪的魅力，让我们重获平静、美好的生活。

以柔克刚，抵制躁狂发作

智者曾说过，天下之至柔，驰骋天下之至坚。它的本质就是以柔克刚。在生活中，要避开无谓的口舌之争，让彼此的怒火平息并不需要多么强大的力量或者巨大的改变，它需要的仅是方式的改变，文字上的小小变动。这种变动充满神奇的魔力，能让你掌握主动，让沟通更加融洽，关系更加亲密，让双方都高兴。这就是温柔的魅力所在。

以柔克刚是一种生活智慧。学会这种策略，我们将收获颇丰。反之，事态将会更加严重。

王思雨受到老板的召见，她刚来到办公室门口，就听见老板咆哮的声音从里面传出来："你们都是怎样工作的，出了这么多的错误？连这么点小事都办不好，要你们何用……"王思雨等了一会儿见老板还没骂完，就小心地敲了敲门，听到老板的"进来"，王思雨轻轻地打开门进了办公室，一进门就看见几个同事全都低着头。王思雨刚准备关上门，就听见老板说道："上个楼要这么久？你们几个先出去吧，我这还有别的事情要做！"几个同事明显松了一口气，纷纷对王思雨投以同情的眼神。

王思雨还没回过味来，就听见"啪"的一声，她看到摔到桌子上的文件正是自己昨天交的企划案。"这就是你写的企划案？这写的什么东西？连客户的信息都写错了！"王思雨听到这句就开始叫起冤来："客户昨天打电话过来，说是信息改了……"王思雨委屈地看着老板，老板也明显愣了一下。

可随即，预期中的道歉并没有发生，老板又开始说起来："信息改了不知道跟我说？这企划案里面，还有错别字，标点也有错误！你是不是小学都没有毕业啊？要不再把你调回去学一年？"王思雨听着老板的斥责大感不平，开始狡辩起来："我熬了几个大夜才把企划案赶出来，就只有一点小小的错误，您不至于大发雷霆吧……"

听到她的话后，老板叹了口气："行了，行了，出去吧，我暂时不想看到你！"

从那以后，老板虽然表面对王思雨还是和以前差不多，但王思雨明显感觉到了不同。老板以前还和自己开开玩笑，可现在，总是公事公办，连笑脸都很少给她了，再也不复当初的模样。

以刚克刚，往往两败俱伤，施以柔性，却能换得真正的强大。生活中这样的事情经常发生，对于王思雨的做法，可能我们都有似曾相识之感，乃至亲身经历过。被别人错怪了，自然想要解释清楚。而面对老板的怒火，她显然做错了，这无疑是火上浇油，不如学会以柔克刚，让一切怒火消失于无形。

掌握了以柔克刚，在纷繁复杂的世界中，你就能以敏锐的感觉、开阔的思维、不卑不亢的姿态来调整自我，重获积极的情绪，奋发向上。以柔克刚也是一种深邃的思想境界，运用这种处事之道，你便会对生活有一种全新的认识和独特的见解，不受不良情绪的侵害，全身心地投入到工作和生活中去。

那么，以柔克刚具体该怎么做呢？

1.掌握柔性的为人处世技巧

人际交往的情况千差万别，这就需要我们具体情况具体分析，我们应该学会以柔克刚的技巧，掌握事情的主动权，达到后发制人的目的。

2.委婉表达自己的意见

当人发生分歧，意见不统一时，不妨委婉地表达自己的意见，这是智慧的体现。远离了针锋相对，可能会收到意想不到的效果。

3.以冷静制急躁

和别人发生冲突的时候，不仅不躲避锋芒，还顶风而上，和别人对着干，是十分不明智的。最好的办法就是控制好自己的情绪，你无法控制别人的情绪，但是你可以试着改变自己，不要迎风而上，火上浇油，让矛盾升级。我们应该冷静对待，平息这场争论，待对方也冷静下来，再细细交流。

心灵驿站

人际交往，自古以来就讲究方圆之道，讲究以柔克刚，而“柔”的做法不仅是一种退让，还是一种审时度势，也是一种宽容。只要你恰当地运用以及把握“柔”的尺度，终能走出情绪的阴霾。

心理暗示最大的好处：让内心收获一片宁静

著名学者托马斯曾经这样说：“头脑中的每个意念都是身体的一个命令，这种意念可以引起或者治愈某些疾病。”这就是心理暗示。心理暗示是日常生活中一种比较常见的心理现象，是人类最简单、最典型的条件反射。

心理暗示一直在我们身边，在不知不觉中影响着我们。如我们以一种含蓄、间接的方式产生影响，我们自己就接受了一定的意见或信念。

按影响分类，心理暗示可被分为积极的和消极的。积极的心理暗示能够激发我们潜藏的巨大能量，时时刻刻影响我们的认知、情绪和行为。通俗地说，积极心理暗示就是通过使用一些潜意识能够理解、接受的语言或行为，帮助意识达成愿望或有所行动。只要相信自己，以强烈的信念和期待重复多次地进行自我暗示，那我们必能调动潜意识的力量，令它成为自己不断发展的源泉。

霍特是美国一位著名的心理学家，他在阐述心理暗示的作用时，曾举了这样一个例子：有一天，友人弗雷德感到情绪低落，他处理这种情绪的方法就是避不见人，直到调整好自己的情绪。而这天他不得不参加一个重要会议，所以他决定装作自己很开心的样子。他在会议上谈笑风生，心情愉悦。一段时间后，神奇的事情发生了，他发现自己真的不再情绪低落了，从心里开始高兴起来。弗雷德也许并不知道，他无意中运用了心理学研究方面的一项重要新原理：装着有某种心情，往往能帮助自己真的获得这种感受，成功摆脱坏情绪的干扰。现实生活中，我们应该学会让自己只接受积极心理暗示的影响，让自己充满活力，有效地调节自己的情绪，激发自己的潜能。

张萌是一名办公室文员，她的工作十分单调无聊。有一天，老板让她打一份曾打过的文件，她不耐烦地说："修改一下就可以了，不一定非要重打。"

老板板着脸说："如果你不爱干可以立刻走人，我可以找到爱干的人！"

张萌听到经理威胁她，非常生气，但是她转念一想："人家说得也对，人家给我发工资，自然是叫你干什么，你就要干什么。找份工作不容易，还是好好工作吧。”

从那天开始，她对工作的厌烦情绪似乎逐渐减少了。不仅如此，她开始有点喜欢上这份工作了，觉得在工作中找到了有趣的地方。每天上班前，她都在心里对自己说：“我很喜欢这个工作，我一定能做好的！”

她不断地对自己这样说，没过多长时间，她发现真的找到这个工作的乐趣，工作效率提高了一倍。

心理暗示也有积极和消极之分，故事中的显然是积极心理暗示。这种积极的心理暗示赶走了她在工作中的负面情绪。长期进行积极的自我暗示，生活也会充满希望，每一个困难都是机会和希望。

发挥心理暗示的积极作用，可以运用以下几种基本方法。

1.扩大优点法

心理暗示能让你变得更加优秀，摆脱自卑。为什么会产生自卑呢？这是因为有些人蒙蔽了发现自己优点的双眼，只看到自己的缺点。实际上，每个人都是独一无二的，都有自己的闪光点，你要做的就是发现自己的优点，并且不断扩大它。即使是微小的优点，每天对自己多说几遍，也能让你重拾信心，走出自卑的束缚。

2.有点阿Q精神

鲁迅笔下的阿Q，每次遇到欺凌的时候就用“精神战胜法”来安慰自己，凡事都看得开。我们不妨也偶尔学习一下这种方法，不要让自己沉浸在坏情绪的海洋中，停滞不前。在心理上自我安慰，你就会发现，人生是多么美好，天空依然晴朗，世界仍旧美丽，我们拥有的很多。不要只关注失去的。

3.找到适合自己的肯定或者赞同的方式

一种肯定性的暗示或许只针对某一个人有效果，而对其他人并没有什么作用。所以，应努力去寻找适合自己的肯定性的暗示方式，不要总是说："真是糟透了！""为什么我这么差呢！"而应该说："又是美好的一天。""我真是太棒了。"

心灵驿站

心理暗示就是通过比较含蓄的方式对心理产生影响，它会在不知不觉间发挥自己的作用。心理暗示是可以自我主宰的，积极的心理暗示让人充满力量。我们不妨每天给自己一些积极的暗示，更好地处理生活和工作中的问题，大步向前迈进。

知足常乐才是战胜烦躁不安情绪的有力武器

人生就像一场旅途，重要的不是拥有了什么，而是那些经历、心境与感悟。知足常乐，不要再抱怨那些命运的不公，不要再事事追求完美，不要再沉浸在不安的情绪中，迷失了自己。再懊恼、再遗憾都没有什么意义，唯一能做的就是把握现在。

人们常说"知足者常乐"，知足是一种处事的态度，常乐是一种幽幽释然的情怀。知足常乐，其实是一种调节，这是一种自我解脱的方式。知足者能够珍惜自己拥有的，做事自然，保持一份淡然，并乐在其中。

一个晴朗的午后，一位富翁来到海边度假，他看到一个渔夫正在海滩上休息。富翁问道："今天天气如此好，正是捕鱼的好时机，你为什么不去多捕些鱼，反而在这里睡觉呢？"渔夫回答道："我每天都给自己定下了一个任务，每天捕10公斤鱼就可以了。换作平时，我基本上需要撒5次网才能休息，正是因为今天的天气不错，我只撒了两次网便完成了任务。既然都完成任务了，当然就可以休息了！"富翁又问道："那你为什么不趁着好天气多撒几次网呢？"渔夫不解地问道："为什么要多撒几次网？这有什么差别呢？"

富翁说："那样的话，不久之后你就能拥有属于自己的大船。"

"然后呢？"渔夫问。

"然后你就可以退居幕后，雇佣一些人给你打工，让他们到深海去捕更多的鱼。"富翁说道。

"然后又会怎样呢？"渔夫又问。

"到时候你就是一个小有积蓄的人了，你的钱可以办一个鱼类加工厂啊！那时你可以做老板，就不用如此辛苦地每天外出捕鱼了啊！"富翁说道。

"那我干什么呢？"渔夫又问。

"那样你就不用再为生活发愁了，可以像我一样来到沙滩晒晒太阳，睡睡觉了。”富翁得意地说。

“不过，我现在不正是在晒太阳，睡觉吗？”渔夫反问道。

富翁被问得哑口无言。

1.知足常乐，是一种精神的追求

知足常乐不失为一种自我解脱的方式。知足者能够保持一份淡然的心境，享受生活。在知足的乐观和平静中，总结失败的经验，而后乐于进取，不断成长，迎接未来的挑战。知足常乐，是个人永远的精神追求。

2.知足常乐，是一种乐观的态度

知足常乐，人生便会多一些从容，多一些达观，获得更多的快乐。能看到身边微小的幸福，以乐观的心态看待问题，轻松前行。

3.知足常乐，珍惜拥有

心中感觉不到阳光，那么你就会沉浸在黑暗中。正念帮助你看见阳光的存在，看到美好事物的存在！生活中很多人之所以不快乐，就是因为他们看不到自己所拥有的，不懂珍惜，而只关注自己没有的部分。其实，人生短暂，如果不想徒留遗憾，就要学会珍惜，懂得珍惜。

心灵驿站

人生飞扬，知足常乐，意境深远。不要被生活迷乱眼，沉浸在无尽的追求中，无法自拔，看不到快乐的因素。我们应找回自己那颗宁静的心，学会知足，对事坦然面对，欣然接受，获得人生的更高境界，心情愉悦。

第07章

扫除沮丧，屡败屡战不让抑郁侵袭

成功路上，阻碍我们成功最大的敌人，便是那些负面情绪，便是以沮丧的心情来怀疑自己的生命，没有向上的动力，失去了追寻的目标。其实一切事情，全靠我们的勇气，全靠我们对自己有一个乐观的态度。唯有如此，方可成功。

沮丧的日子终将过去

如果你莫名其妙地感到心情沮丧，工作打不起精神，遇事总是很悲观，那么，可能是你正处在沮丧之中。沮丧是一种实实在在的颓废心态，它常常会扩大生活的不幸，它是人类情绪中的隐藏杀手，我们应该学会告别沮丧。

张爱玲就是一个一生都生活在沮丧和痛苦中的人。她的一生都处在矛盾之中，纵使她有过人的才华，却没有稳定的情绪，她总是放任自己沉浸在悲伤之中，难以自拔，最后孤老终生。她的作品无不沉浸着悲观苍凉的腔调，有一种独特的文学观感。但是她的一生也因为被她自己刻意放大的悲伤，而变成了有着无尽悲伤的黑洞。

她是名门之后，富贵人家的小姐。她并不否认自己的出身，却又竭力宣称自己只是一介小市民；她悲天悯人，总能洞见芸芸众生浮华背后的可笑可怜，却又在生活中极度冷漠，甚至刻意追求薄情寡义；她通达人情世故，却故意做一些孤高之事，得罪别人。悲观主义在张爱玲的身上时刻体现，她的行为走向两个极端，并且始终摇摆不定。

有人说：“只有张爱玲才能同时承受灿烂夺目的喧嚣和极度的孤寂。”她一方面追求浮华的生活，感慨“出名要趁早”，一方面又极为悲观，不承认自己的成就，不敢正视自己的心灵。她在20世纪40年代的上海大红大紫，又在后来突然选择定居美国，过着与世隔绝的生活。这种阴晴不定的心态和悲观的人生观，最终撕裂了张爱玲的心。

在生活中，每个人都会有沮丧的时候，但沮丧并不是不可克服的。我们要拿出勇气积极面对，找出引起沮丧的原因并努力改变现状。

对于那些我们遭遇的困难和痛苦，对于它们带来的沮丧，我们也不应听之任之，一味地自怨自艾，怨天尤人，而要振作起来，采取勇敢、奋进的态度去面对它，走出沮丧的围城。

那么要怎样做才能走出沮丧的情绪呢?

1.假装快乐

人的一生不可能一直一帆风顺，总是有小小的失意偶尔出现。这时我们就可能产生伤心、失落、忧虑不安、悲观自怜的情绪，觉得一切都不尽如人意。当你感觉到沮丧的时候，不如试试假装微笑，假装快乐，慢慢地，就真的会快乐起来了。卡耐基说过：“假装快乐，你就会真的快乐。”强颜欢笑其实也是一种微笑，咧开嘴，对着镜子里的自己微笑，对着别人微笑，你会发现，自己的心情真的逐渐就好转起来了。

2.给自己设定一个合理的目标

没有目标的人是最容易产生沮丧情绪的，想要摆脱这种情绪的干扰，你可以给自己设定一个合理的目标。合理的目标是我们前进的动力。这一目标不宜过高，因为太高不易实现的话，只会让自己更加沮丧。

3.加强锻炼

体育锻炼不仅有助于我们摆脱沮丧的情绪，还有益于身体健康。在运动的过程中，你可以记录下各种活动的时间和内容，以便更好地安排自己的锻炼计划。其实，你可以从自己感兴趣的活动入手，慢慢适应，这些活动都会使你精神振奋，避免消极地生活下去。

心灵驿站

生活不是一帆风顺的，每个人都会遇到难关。遇到一点儿困难或者挫折就每天长吁短叹，消沉绝望，觉得自己前途灰暗，这与现代人应该具备的自信气质和宽广胸怀是格格不入的，我们每个人都要有消除沮丧心情的能力。

挫折会把你磨炼得更强大

人生难免会遇到挫折，没有经历过失败的人生不是完整的人生。没有时间的冲刷，便没有钻石的璀璨；没有挫折的考验，便没有不屈的人格。正因为面对挫折的态度不同，才有勇士与懦夫之分。请记住，巴尔扎克说：“挫折和不幸，是天才的进身之阶；信徒的洗礼之水；是能人的无价之宝；弱者的无底深渊。”

生活中的失败和挫折是不可避免的，但它们既有正向功能，也有负向功能。它们既可以磨砺我们不断成长，取得成功，也能给人致命打击，破坏个人的前途。

李开复离开苹果公司后，去了SGI。而在SGI的那段日子，对于李开复来说是痛苦的，因为他遭遇了失败，但正是那些挫折把他磨砺得更加强大。

李开复在SGI公司时，曾主导开发过一个3D浏览器的项目。当时，李开复主张用3D技术做网上的虚拟世界，在这个虚拟世界里访问互联网就像玩游戏一样，每个网站就像一个房间一样，点击网站链接就如同打开了新世界的大门，门里有小的房间，人们在房间里聊天、游戏、喝咖啡、跳舞。

李开复的技术团队光是听到这个设想，就十分激动。但是他们忘了最关键的一点——客户是否需要3D技术，他们为了技术而忽略了客户的需求，当时的他们完全沉浸在“技术至上”的理想当中，并把他们的产品命名为“cosmo（宇宙）”。

在李开复和他的团队做产品的过程中，每个看到他们产品的人，都会情不自禁地发出这样的感叹——“了不起！”“微软做不出来，苹果做不出来，IBM也做不出来！”“移植到PC上去！”有了这些蜜语的激励，李开复和他的工程师更加拼命地工作，因为他们很确定，这会是一项可以改变世界的新技术。

这么好的技术，能满足哪些用户的需求呢？能创造出哪些改变世界的内容呢？李开复他们当时完全忽略了这些问题。他们深信只要做出来，顾客自然会来，就像苹果的Macintosh、QuickTime一样。然而，他们犯了一个严重的错误：Macintosh、QuickTime是可遇而不可求的。因此，这个非常酷的产品推出后，完全没有人关注。因为人们在访问网页的时候，最关心的是信息的丰富程度和获取信息的效率。

这件事情给李开复带来很大的教训和触动，犯过一次错误后，李开复在之后的任何研究中都牢记：最重要的不是创新，而是将创新与实用相结合。因此，后来他把微软中国研究院的重点放在更实际、更能被用户理解、更能被产品部门接受的研究上。正是在这种理念的指导下，微软中国研究院获得了巨大的成功。

正是在SGI工作时吸取了“世界不需要没有用的创新”的教训，才让李开复后来把微软中国带上了成功的道路。

挫折能让人成长，就像破茧成蝶一样。幼虫被茧包裹着，茧能提供给幼虫保护，可当幼虫的生命要发生质的飞跃时，茧就成了阻碍，它只有忍受痛苦，竭尽全力冲出洞口，才可以破茧成蝶。可能有些人希望自己永远不要遭受挫折，那么他永远就只能是一只虫蛹，永远不会变成美丽的蝴蝶。

1.挫折是生活的组成部分

在人生的道路上，挫折是不可避免的，它是生活的组成部分。挫折对于我们来说，不仅仅是磨难，同时也是促使我们健康成长的催化剂。它能够给人以心理压力，促使人调动全身心的力量去对付困境，使人经受锻炼，快速成长，激发自己的潜力。

2.挫折使人学会思考

挫折是一副清醒剂。当我们过度乐观，严重自负，不能正确认识社会、他人和自己的时候，挫折的发生，能及时地提醒我们，让我们学会思考，认识到客观环境、社会条件的困难和障碍，看清楚自己的弱点和局限性，找到存在的失误和认知的盲区，使自己能够及时修正个人目标、处事方式、思想认识，在新的高度上开始新生活。

3.挫折是成功者的起点

成功者与失败者的区别在于，成功者能正视挫折，珍惜失败的经验，他们善于从失败中吸取教训，寻找新的方法调整自己，取得最终胜利；反观失败者，他们一旦遭遇失败的打击就坠入痛苦的深渊而不能自拔，每天闷闷不乐，自怨自艾，让自己不断沉沦。

挫折能让生命绽放光彩，学会从失败中总结经验教训，你终将获得成功。

心灵驿站

挫折是一座大山，想看到大海就得爬过它；挫折是一片沙漠，想见到绿洲，就得走出它；挫折还是一道海峡，想见到陆地，就得越过它。挫折会把你磨砺得更加强大，升华你的灵魂，造就不同凡响的成功。

路再难，也要坚强地走下去

在这个世界上，没有人能使你倒下，如果你自己的信念还站立的话。

——比尔·盖茨

“天将降大任于斯人也，必先苦其心志，劳其筋骨，饿其体肤，空乏其身，行拂乱其所为，所以动心忍性，增益其所不能。”不经过风浪，就不能达到胜利的彼岸；不经历风雨，怎么能看到绚丽的彩虹；不经受磨难，怎么成就一番大事业。如果你身处顺境，请走出“温室”，拿出勇气迎接困难的挑战；如果你身处逆境，请不要气馁，要坚强地走下去。

夏洛蒂·勃朗特出生于英国北部约克郡的豪渥斯，父亲是当地圣公会的一个牧师，母亲是一个家庭主妇。家里姐妹众多，夏洛蒂·勃朗特排行第三。她的两个妹妹，即艾米莉·勃朗特和安妮·勃朗特，也是著名作家，因而在英国文学史上常有“勃朗特三姐妹”的说法。

在夏洛蒂·勃朗特很小的时候，母亲就患癌症去世了。家里全靠父亲养活。但他的收入很少，全家生活既艰苦又凄凉。

豪渥斯山区是一个穷乡僻壤，沼泽成了年幼的夏洛蒂和弟妹们的游乐场。

1824年，她的两个姐姐被送到豪渥斯附近柯文桥的一所寄宿学校去读书，不久夏洛蒂和妹妹艾米莉也被送去那里。当时，只有穷人的子女才进这种学校。在那里，他们要严格遵守管理制度，很少有饱食之日，老师体罚是家常便饭，每逢星期天，还得冒着严寒或者酷暑步行几英里去教堂做礼拜。

由于条件恶劣，第二年学校里就开始流行伤寒，夏洛蒂的两个姐姐都染上此病，送回家没几天就离世了。这之后，父亲不再让夏洛蒂和艾米莉去那所学校，但那里的一切已在夏洛蒂的心灵深处留下了难以磨灭的印记。这段岁月一直藏在她的记忆深处。后来在她的作品《简·爱》中，她饱含着痛切之情对此作了描绘，而小说中可爱的小姑娘海伦的形象，就是以她的姐姐露西亚为原型的。

15岁时，夏洛蒂进入伍勒小姐在罗海德办的学校读书。几年后，她为了挣钱供弟妹们上学，又在这所学校里当了教师。她一边教书，一边继续写作，但至此还没有发表过任何作品。

1836年，也就是在她20岁时，她大着胆子把自己的几首短诗寄给当时的桂冠诗人骚塞。然而，得到的却是这位大诗人的一顿训斥。骚塞在回信中毫不客气地对她说：“文学不是女人的事情，你们没有写诗的天赋。”这一盆冷水使夏洛蒂很沮丧，但她并没有因此而丧失信心，仍然默默地坚持写作。后来，她凭着《简·爱》一举成名。

只要持续地努力，不懈地奋斗，就没有征服不了的东西，无论你的命运面临怎样的困厄，生活给予了你什么样的磨难，只要拥有坚强的信念，它们就阻止不了你实现自己的人生价值。并且，它们会成为你人生道路中一笔宝贵的精神财富。

信念能使人的智慧流出极大的力量，即使普通人认为办不成的事，当事人根据信念的程度从潜在意识里去认定，也可能成功。这时，所有的不可能皆为可能。

1.树立远大的目标

人的意志总是与一定的目标联系在一起，所以想要培养自己坚强的意志，首先就应该树立远大的目标，你可以以自己的实际情况为基础，自由畅想一下你未来的生活，然后审视与现状的差距，找到坚持的动力去消除这种差距，坚持信念，为理想而奋斗。

2.锻炼自己的意志

意志的发生、发展、形成、培养都离不开实践。锻炼意志力同样要在相应的意志实践中才能锻炼好。赞科夫说："给儿童提供独立活动的机会，是培养意志的必要条件。培养意志，不能单靠'告诉''讲授'，更重要的要靠'实践'，靠'锻炼'。锻炼意志的机会，遍布人们日常生活的方方面面，有体育锻炼、劳动锻炼、行为锻炼，也包括日常生活的其他各种锻炼。只有通过在各种实践中迎战困难、攻克难关，才能更好地磨炼意志。只要你善于抓住各种时机有意识地进行实际锻炼，你的意志力就会变得坚强起来。”

3.勇敢地面对失败

要想锻炼出坚强的性格，就要不怕挫折和失败，即使经历无数次挫折和失败的打击，依然能矢志不移。成功者和失败者的区别，很大程度就是表现在对待失败的态度上。

世界上的事情往往是这样：事业未成，先尝苦果。壮志未酬，先遭失败。而且，失败常常专跟强者作对。原因很简单：低的目标易达到，弱者胸无大志，目标平庸，几乎不经过什么失败就能如愿以偿。而目标越高难度自然越大，失败的机会自然也就越多。

有的人渴望成为强者，却经受不住失败的打击。他们经过一阵子的奋斗，遭到一次乃至几次的失败后，便偃旗息鼓、罢手不干了，最终只能和一事无成的弱者为伍。

心灵驿站

处于逆境中的你要坚信：阳光总在风雨后，成功就在远方招手！悬崖上的树苗、在山谷中穿梭的鹰、勇敢与海浪搏斗的海燕，它们都经历过大风大浪。在考验面前，它们爆发出生命的力量，超越自我，绽放坚强。生命只有在逆境中才能越活越坚强，绽放出奇迹的火花。

让希望之花在生命中怒放

在人生漫长的岁月中，我们总会不断地接受生活给我们的挫折和挑战，这时我们最先想到的就是寻找一份希望，让自己有满满的动力、足够的理由和信心生活下去，从而克服困难，战胜挫折，创造幸福的生活。

希望是生命之母，它孕育着生命；希望又是心灵之塔，照亮了人生的路。一个人的心里要是没有了希望，就如同世界上没有了阳光，失去它，你的生命也将彻底黑暗。希望，它赋予我们勇往直前的动力、战胜困难的勇气、顽强拼搏的力量……所以，任何时候都不要放弃希望。只有充满希望，我们才能扬帆远航！

他原本是航天部的高级工程师，事业成功，家庭幸福，有可爱的女儿相伴。外面的人都觉得他很幸福，但在家里他和妻子常常因为家务等一点点小事而争吵不休，久而久之，感情出现了裂缝，最后发展到了离婚的地步，妻子带着他可爱的女儿离开了他。虽然无法接受现实，但一切还是发生了。他及时调整了自己的状态，全身心地投入到了工作中。

一段时间后，在同事惊讶的目光中，他辞去了航天部高级工程师的工作，到一家小家电公司就职，而且由于业绩突出，很快就由销售大户变成了这家公司电磁炉事业部的总经理，全面负责电磁炉产品的研发与市场开拓工作。

然而，在事业上平步青云的他并未因此忘记自己和妻子离婚的原因。他一直想发明一种可以让自己省心省事的锅，因为他始终觉得如果有这样一种锅，自己就不会妻离子散。

于是，他又一次辞去了高薪副总这个让很多人无比艳羡的职位，并且卖掉了房子，找到了合伙人，组成了一个“四人董事会”，投资300多万元来研究一种全自动烹饪锅。

可是，他万万没有想到的是，他的厨电公司刚刚成立，就有一位董事突然退出，不久，另一位合伙人也提出退股，不仅如此，剩下的合伙人和员工也一直对他的设想能否成功充满怀疑。不仅如此，他们投入全部资金研制出来的样品居然不能准确地测温，也就是说，要是用这样的锅做饭，不是做不熟，就是会把饭菜烧焦，根本无法使用。而他们已经没有资金可以动用了。

没有退路的他硬着头皮，揣着最后的两万多元可怜的流动资金，悲壮地到深圳寻找他最后的一线希望。

他把办公室设在一间简陋的民房内，然后到当时国内最大的五金IT配件集散地——深圳赛格广场搜寻，每天和市场里的人一起上下班。不同的是人家是卖货，而他是一间铺子一间铺子地找他梦想中的能够精确测温的绝缘导管。然而，当他把所有市面上的同类产品都买回来并进行研究之后，迎接他的还是失败。他每次都是信心满满，却迎来了一次又一次的失望，他感觉希望越来越渺茫。

后来他更是发现了一个打击他的事实：他所研究的技术被很多大企业“判了死刑”。站在灯光璀璨的街头，看着面前拥挤的人群，他的脑海里全是自己的倾家荡产、妻离子散、不断失败，他甚至已经感觉到了绝望。然而，就在他打算彻底放弃的时候，脑海中忽然闪过了一句话：“一个心中永远充满希望的人，走到哪里，脚下都是路。”

最后，他终于在一个不起眼的小店里发现了理想的材料——一种耐高温、抗高电压而且导热性能很好的聚合物绝缘导管，他终于成功了！尽管他在成功发明这种全自动烹饪锅之后，又经历了一些挫折，但是他一直充满希望并终于反败为胜，不但为这种锅开辟了广阔的市场，还获得了巨大的财富。

每个人都有创造奇迹的潜力，只要你每天都充满希望。

1.凡事要看到好的一面

事情都有两面性，有好的一方面，当然也有不好的一方面。乐观的心态并不是说只注重事物好的一面，而看不到事物不好的一面，那是自欺欺人。乐观的人在看到事物不好的一面时，也能看到事物好的一面，并把好的一面当作动力，努力去改善不好的一面。如果一个人只看到不好的一面，一味地沉浸在痛苦中，也就失去了努力的动力。

2.养成乐观的习惯

生存没有绝境，带着希望才能走出门去，看到外面的一片蓝天。很多时候，希望能激发出我们的潜力。在我们遭遇困难和挫折时，当我们不再一味地怨天尤人，而是满怀希望的时候，我们就能看到另一番更加广阔的天地，从而离成功更近。

心灵驿站

保持希望是自己给自己内心开的一朵花。有了它我们才会相信自己可以走得更远，有了它我们才能承受当下的困苦。有希望才会有承担，才能去承担，即使面对挫折、失败，也不会变得绝望。

相信自己定能走出困境

我们成长的过程注定不会一帆风顺。其实，我们遭遇的那些困境和磨难，都是我们成长的标志。有的人面对这些事情的时候总是一脸无助的表情；而有些人却被磨砺得更加优秀，找到属于自己的成就感，这就是一种自信的表现。在这个充满竞争的世界里，想要取得成功并不是一件容易的事情，我们要做哪些准备呢？我们首先要做的就是相信自己，相信自己通过努力一定可以成功，即便不是现在，至少胜利的那一天也不会太遥远。

马云是伴着一路的质疑走向成功的。在2000年，《证券时报》上就有一篇标题为《马云和阿里巴巴，没戏？》的文章，文中根据实际情况分析得出结论：一是B2B没戏，大企业的B2B

是自己的B2B，外人别想赚钱；二是中国许多成功的企业没上网，它们一样活得很好！所以，不一定需要阿里巴巴平台，也不会有企业愿意为此付出成本。面对这些质疑，马云的回答是：“永远相信自己。”

在2001年的北京高新技术产业国际周“数字化中国”论坛上，马云坦言：“我创建阿里巴巴的时候，很多人评论我们这不行那不行。不管别人相不相信，我们自己相信自己。我们在做任何产品的时候只要问自己三个问题：第一，这个产品有没有价值？第二，客户愿不愿意为这个价值付钱？第三，他愿意付多少钱？我们有许多免费的服务，但免费并不意味着不好，我们打败许多竞争对手的秘诀就在于我们免费的服务比他们收费的还要好。我们受到很多批评，但仍然坚持我们所做的东西，只要我们的业界——不是IT界，这些传统企业觉得好，就行。”

马云和阿里人不关心媒体怎么看自己，不关心互联网评价者怎么看阿里，不关心投资者怎么看自己，而是一心地去倾听客户的心声，专注于电子商务。

其实，早在1999年成立之初，阿里就一直贯彻着“客户第一，员工第二，股东第三”的理念，并让使命感和价值观驱动企业的发展。当时，很多同行都觉得，在当今社会，企业讲价值观、使命感、帮助别人成长和服务，这实在太过理想化了。但是，马云没气馁，没放弃，而是说“我就不相信全中国13亿人找不到跟我们有同样理念的人”，结果10年后，他找到了1.7万名与他有同样理念的阿里人。

别人的认同能坚定我们的想法，但别人质疑的时候我们也要相信自己。别人说你不行你就不行吗？如果在梦想的路上有人嘲笑你，请告诉自己：“走自己的路，让别人去说吧。”

马云曾说过：“满怀信心地上路，远胜于到达目的地。”有了这种对自己的信心和信任，我们的追梦之路就会少很多自我设限和人为障碍。

1.正确评价自己

追求成功的路上，请一定要相信自己。因为你信，你才有机会；如果你不信，那么你连机会也没有。我们一方面应对自己所做的事情坚信不疑，另一方面则要对自己的能力及可能遇到的情况有实际的考虑，而不是单凭脑子一热，就什么都不考虑。

相信自己要建立在全面了解自己的基础上，你要正确地认识自己，充分了解自己的性格、品质、特长、不足，以及人生观和价值观，给自己一个全面的评价。只有如此，当面对自己或者别人的质疑和批评时，你就可以自行判断出来，你是否需要做一些改进了。

2.多做自己能做到的事情

相信自己，培养自信。任何成功的体验都能增强人的自信心，当你完成了自己能完成的一些事情的时候，无形中你就拥有了做大事的自信。久而久之，对于你来说，也就没什么难事了。

3.要进行积极的自我暗示

情感是有传染性的，当自己以间接的方式对自己进行积极的自我暗示时，自己的心理和行为会迅速产生变化。

心灵驿站

爱迪生曾说过：“如果我们做出所有我们能做的事情，我们毫无疑问地会使自己大吃一惊。”相信自己的能量，相信开启成功之门的钥匙一直掌握在你自己手里。那些必须由你亲自经历锻炼的过程，就是释放你的潜能、唤醒你的潜能的过程。

第08章

遇事三思，不让愤怒的情绪灼伤自己

心灵是自己做主的地方，是天堂还是地狱，都在于你的选择。人心很容易被种种烦恼和物欲所捆绑，其实那都是自己把自己关进去的。解除心中的枷锁，遇事三思，不要让坏情绪灼伤自己，定能塑造美好人生。

当愤怒的火焰燃起时，应主动及时地浇灭它

莎士比亚说过：“不要为了敌人而过度燃烧心中之火，不要烧焦自己的身体。”

愤怒，是人们情绪的激烈爆发。经常的愤怒，不是性格，而是一种心理不健康的表现。愤怒情绪对人的心理没有任何益处。它只会让人情绪低沉，总是沉浸在坏情绪中。对于我们的人际交往，愤怒可能会破坏我们的情感关系、阻碍情感交流、导致内疚与沮丧情绪。不仅如此，愤怒还可能导致高血压、溃疡、皮疹、心悸、失眠、困乏等疾病，严重的甚至会引起心脏病。如果任由愤怒的情绪左右自己的情绪，很可能让你失去自己珍惜的东西。

拿破仑就曾经有这样的经历。当他从西班牙战事中抽出身来匆忙赶回巴黎时，他听到消息说外交大臣德塔列朗要造反。当他抵达巴黎时，立即召集大臣开会。会议上，他委婉地说明了自己已经知晓德塔列朗要造反的消息，但是让拿破仑感到奇怪的是，德塔列朗竟然毫无反应。可是，拿破仑再也无法控制自己的情绪了，他彻底爆发了，他走到德塔列朗面前说：“有些大臣希望我死掉！”德塔列朗仍旧不动声色，只是带着疑问看着拿破仑。

拿破仑实在忍无可忍了，他朝着德塔列朗愤怒地喊道：“我赏赐你无数的财富，给你最高的荣誉，而你竟然如此伤害我，你这个忘恩负义的家伙！你什么都不是，只不过是穿着丝袜的一条狗。”说完他就愤然离去。不明真相的大臣都面面相觑，他们没有想到拿破仑会如此失态。

德塔列朗依然是一副镇定自若的样子，他慢慢地站起来，转过身对其他大臣说：“各位绅士，真遗憾，如此伟大的人物竟然这样没有礼貌。”

于是，皇帝的愤怒和德塔列朗的镇静很快在人群中传播开来，拿破仑的威望渐渐地降低了。伟大的皇帝在愤怒之下失去冷静，人们感觉到他已经开始走下坡路了，事实真的如德塔列朗所言：“这是结束的开端。”

其实这正是德塔列朗想要的效果，他正是想用这种办法降低人民对拿破仑的期望。

人生不如意之事十之八九。在追逐梦想的路上，我们都会遭遇挫折和困难，也可能会被冷落、鄙视、嘲弄，甚至侮辱、践踏，愤怒情绪由此而生。当情绪产生的时候，我们不可像拿破仑一样，让愤怒左右自己，最后失去自己珍视的东西。

那么，我们该如何摆脱愤怒的情绪呢？

1.情景转移

转移怒气的最积极的处理方法就是情景转移。当我们愤怒的时候，不妨来个“三十六计，走为上策”，迅速离开使你发怒的场合，可以和好友相约聚会，一起听听音乐散散步，可以去户外逛一逛，可以全身心地投入到感兴趣的事情中去，这样坏情绪也就转移了，你的内心也会渐渐地平静下来。

2.包容别人

当对别人的说话方式、办事方法等有不同意见的时候，不妨以一种更为宽容的态度去对待。

对于别人的言行，你或许不喜欢，但绝不能动怒，动怒只会让别人变本加厉，你的情绪也好不起来。其实，当你宽容对待时，愤怒也就消失不见了。

3.发泄怒气

有些时候，愤怒已经出现，一时又无法控制，那不妨试着把它发泄出来。

但应该注意的是，不要伤及他人。那么发泄有哪些方式呢？你可以找自己的好友，倾诉自己的不快，也可以到一个空旷的地方，放声大喊，或者到操场上尽情奔跑，让自己的坏情绪在奔跑中随着汗水流淌出来，然后痛快地洗个澡……那些愤怒自然全都消失不见了。

心灵驿站

愤怒是人们对客观事物不满而产生的一种情绪反应，是成功路上的绊脚石。我们应该学会制怒和泄怒，我们可以运用以下几种方法：学会转移怒气、学会包容他人、学会发泄怒气，从而让怒气消失无踪。

宽容别人，是一种喜悦

古语有云："海纳百川，有容乃大。"做人应当宽厚容人，不苛求他人。宽容能给我们带来最甜蜜的果实。生活中，我们和别人发生冲突和争执在所难免，遇到这种状况，我们应该学会用和平的方式处理问题。错误在所难免，宽容就是神圣，一个人经历过一次忍让，就会多一分宽容，就会少一个敌人，多一个朋友。

一位名叫费丁南·华伦的商业艺术家就曾体味过宽容的力量，他通过一个办法，获得了一位暴躁易怒的艺术组长的认可。他在自己的回忆录中记录了这件事情：

他认识的某一位艺术组长对于工作的要求十分严格，不管别人犯错是因为什么理由，他都会很严厉地进行批评；每次离开他的办公室时，费丁南都觉得倒胃口，因为他实在过于严苛了，而且对于很多任务都要求立刻完成。在这种情况下，费丁南难免会犯一些小错误。

一次，由于时间紧迫，他匆忙完成画稿，并把它交给了艺术组长。艺术组长打电话给他，要他立刻到办公室来，说是商量关于画稿的问题。与预想的差不多，当他到达办公室的时候，就看到艺术组长阴沉着脸，十分严肃地坐在那里，紧皱着眉头，目光停在手中的画稿上。听到开门声，艺术组长只是面无表情地抬头看了他一眼，然后就彻底爆发了，开始严厉地批评他。费丁南知道，这时无论做什么解释都是苍白无力的。于是，他想到了这正好是运用所学到的自我批评技能的时机。因此他说道："组长的话不错，我的失误是不可原谅的，我画稿这么多年，应该知道怎么画才对，我实在十分惭愧。"艺术组长脸上出现了诧异的表情，虽然只是转瞬即逝，但还是被时刻关注组长的费丁南发现了，他知道自己的方法起作用了。

于是他再接再厉，进行自我批评，并很诚恳地接受艺术组长的批评和指责。那位艺术组长听了一会儿，在他说话的间隙，开始委婉地为他辩护起来："虽然你的话不错，不过这终究不是一个严重的错误。只是……"费丁南打断了组长的话说道："任何错误要付的代价都可能很大，叫人不舒服……"在他说话期间，艺术组长一直想插嘴，但费丁南却不让他插嘴，继续说自己应该更小心一点才好，组长给自己的工作很多，照理应该使组长满意，因此，自己打算重新再来。

艺术组长听到他的话，急切地反对起来："不用！不用！其实你一直工作得十分出色，虽然偶尔有点瑕疵，但我还是蛮欣赏你的。"那位组长开始赞扬费丁南曾经的作品，告诉他只要稍微做一些小改变就可以了，说这只是一个小小的错误，不会花费多少钱，要他不要太担心，不要有心理负担。至此，这位艺术组长的怒气早就荡然无存了，对费丁南从最初的不满变为非常欣赏。最后，艺术组长还邀费丁南同进午餐，分手之前，他开给费丁南一张支票，并给了他另一项工作。

在通常情况下，当人们犯错误的时候，我们都会试图为自己辩解，认为通过解释能够消除别人对自己错误的怨愤。但是，若是过错方是自己，辩解只会让对方觉得你是在逃避责任，别人对你的印象也会大打折扣。如果能够坦诚地承认自己的过错，不仅能获得别人的谅解，还能得到别人的欣赏和尊重，并借此化解人际交往中的矛盾冲突。由此看来，宽容是一种超然的人生境界，是一种退一步海阔天空的释然。

在人际交往过程中，我们总是遇到形形色色、不同品味、不同层次的人，我们与他人相处的时候，因为个体差异，难免会产生矛盾和隔阂。对此，我们该如何处理呢?

1.宽容待人

人非圣贤，孰能无过。我们在人际交往过程中要互相体谅、互相理解，得饶人处且饶人。遵循这个原则，我们身边的朋友会越来越多，自己每天都会很快乐，诸事遂愿；反之，如果我们凡事“明察秋毫”，眼里容不下沙子，事事计较，什么事情都要论个是非曲直，容不得一点小错误，别人也就不会和你亲近，最后自己只能成为“孤家寡人”，成为使人避之唯恐不及的存在。

2.宽容别人，升华自己

宽容是一种高贵的品质和崇高的境界，是精神的成熟、心灵的丰盈。有了这种品质、这种境界，人就会变得豁达，变得大度。学会包容的处世之道，也需要我们在立身处世时有清浊并容的雅量。宽容别人，也是升华自己。

3.宽容有度

有位智者曾经说过：“几分容忍，几分度量，必能化干戈为玉帛。”正所谓：退一步，海阔天空；让三分，心平气和。对于他人的错误，必要的指责无可厚非，但若能以博大的胸怀去宽容他人，世界也会变得更加精彩。

但需要注意的是，宽容须有度。宽容是坚强，不可一味软弱。宽容所体现出来的退让并不是盲目地，无原则地退让，而是以退为进，主动掌握事情的主动权，从而获得成功。

心灵驿站

人不快乐，往往是因为在某些方面太过于苛求，选择宽容就是选择与快乐为邻。宽以待人，正是以宽广的胸怀、气度，创造和谐、幸福的环境。大度豁达对待难容之事，能使别人敬重和欣赏你，使你有一份快乐的心境，并使你具有独特的个人魅力。特别是在竞争激烈的社会环境下，这会拓宽你的交际面，让你身边有更多的朋友。所以，宽以待人是入世的一个重要法则。

换位思考，成全他人亦是成全自己

换位思考是为人处世的变通之法。换位思考就是说站在别人的角度，替别人思考问题，同时，站在别人的角度，替自己考虑。我们学会了换位思考，就更容易获得别人的信任，帮助自己获得成功，成就自我的同时亦是成全别人。

著名人际关系交往专家卡耐基就曾利用换位思考，为自己解决了难题。

一次，卡耐基突然接到他租用的饭店方面的通知，饭店的租金上涨，比以前高出三倍。他不想支付额外的房租，但是这是他用来举办讲座的地方，一时也不好变更。并且他知道，和酒店的相关负责人理论是毫无用处的。

几天以后，卡耐基亲自到酒店见了他们的经理。“收到你的通知，我有点吃惊。”卡耐基说，“但我不怪你。如果我是你，我也可能发出这样的通知。作为饭店的经理，你有责任尽可能地增加收入。现在，我们拿出一张纸，把你这么做以后可能得到的利弊列出来。”

接着，卡耐基取出一张纸，他将纸分成两部分，一边写上“利”，另一边写上“弊”。

他在“利”这边的下面写了“舞厅空下来”几个字，然后说：“你把舞厅租给别人开舞会是最划算的，因为举办这样的活动，租金比租给我作讲课场所能增加不少。如果我把你的舞厅占用20个晚上来讲课的话，你的收入当然就要更少一些。”

“但是，现在我们来考虑一下坏的方面。首先，如果你要坚持提高租金，你不但不能从我这儿获得更多的收入，反而会使自己的收入减少。事实上，你收不到一点租金，因为我没法支付你所要的租金，所以我只好选择另外的地方去开这些课程。”

“除此之外，你还有另一个损失。由于这些课程吸引了不少有很高修养的人到你的饭店来，这对你来说无疑是一个很好的宣传机会。事实上，即使你花费5000美元在报上登广告，也无法像我的这些课程一样能吸引这么多的人来你的饭店。这对一家饭店来说，难道不是很大的价值吗？”

卡耐基一边说，一边把这两点坏处写在“弊”的下面，然后将这张纸拿给饭店的经理看，说：“我希望您认真考虑您可能得到的利弊，然后告诉我您最终的决定。”

结果，第二天卡耐基收到通知，他租舞厅的租金只涨50%，而不是300%。

卡耐基设身处地地为酒店考虑，既成全了酒店，也让自己不必支付高额的租金，一切都向好的方面发展，实现双赢。

1.换位思考，多一分理解

若是每个人遇事都能设身处地地为他人思考，世间就能多一分理解，多一分温暖，多些感动的瞬间，多些美好的记忆。确实，很多时候，我们都应该将心比心，设身处地为别人考虑，尝试从不同角度去认识事物，从不同立场去理解对方，反思自己。真诚地理解、接纳他人，与他人建立相互信赖的关系，也就更容易在平等融洽的氛围中实现自己的信念以及理想。这样的理解往往并不需要你付出太多，仅仅一颗善解人意的心便足矣。

2.换位思考，成就好情绪

换位思考是一种美德，可以帮助我们解决问题。换句话说，换位思考，为别人着想，就等于释放了自己，改善了自己的心情，让自己远离坏情绪。当我们发自内心地替别人着想时，我们内心的烦恼也就找到了解脱和排遣的通道。

心灵驿站

从心理学角度来说，任何的想法都有其来由，任何的动机都有一定的诱因。换位思考，了解对方想法的根源后，提出的解决办法也会因为更契合对方的心理而被认可。消除阻碍和对抗是提高效率的唯一方法。

给情绪降温，不让愤怒左右自己

人的一生需要经历许多事情，不可能所有事情都称心如意。不顺心时，每个人都可能失去理智，暴跳如雷。可是我们也知道，愤怒对自己的心理并没有帮助。偶尔的愤怒无伤大雅，但是如果一个人始终生活在愤怒的情绪当中，那么他不仅得不到本应属于自己的快乐，甚至会逐渐变得冷漠、无情和残酷，后果非常可怕。

如果我们想拥有一个健康的心灵，那么就应学会克制愤怒，不让愤怒左右我们的情绪。在生活中，我们经常看见很多人为了一点小事就怒容满面，甚至与他人大打出手。这样的人，心理又怎能健康？那些有怒火而不加抑制的人，是难成大器的。

有的人一旦生气，就想随时发泄出来，要不就觉得“憋坏”自己。其实，这种发泄方式——乱发脾气，对于解决问题没有任何实质性帮助，还可能对我们的人际关系产生不好的影响，我们最好学习如何控制自己的愤怒。

著名作家艾莉丝和一位俄罗斯男子结婚，婚后，艾莉丝就在当地开了一家非常别致的咖啡屋，计划和老公一起在那儿安享晚年。

艾莉丝的丈夫有位姐姐，名字叫简，艾莉丝和简志趣相投，感觉对方和自己十分相像，她们很快就成为无话不谈的知己。可意想不到的是，她们却因为鸡毛蒜皮的小事发生了矛盾。

事情源于艾莉丝在开咖啡屋时两人的约定：虽然咖啡屋的所有权归艾莉丝所有，但简有权从中收取一定的利润。当有一天艾莉丝看见简喝咖啡没有结账时，就十分不高兴，心中很气愤，然后就与简吵起来，说为什么喝咖啡不付账。简也反唇相讥，反驳道：“我有权在自己的私有财产上做任何我想做的事情，你可别忘记了，我可是这家咖啡店的股东之一。”此后的一周，她们两个都没有说过一句话。咖啡店里的矛盾使她们的关系开始出现裂痕。

前不久，艾莉丝带着女儿去公园踏青时与简相遇，看见简坐在椅子上，而椅子比较小，无法容纳下三个人。于是艾莉丝非要简让座位给她。简觉得艾莉丝太不可理喻，于是两人又大吵起来。最后，艾莉丝和简变得形同陌路，曾经的亲密无间也不复存在了。

愤怒犹如一座“火山”，随时有爆炸的可能，到那时，不仅会灼伤自己，也会危害到别人。同样，愤怒又是一种奇特的情绪，只要给它一点儿缓冲的时间，稍事等待，它自己就会不见踪影。无论是谁，在生活中都不可避免地会遇到不顺心的事情，我们很容易被坏事情影响。我们自己要明白，尘世间很多事情无论对错、好坏，都有轮回，有开始就会有结束。因此，我们应该学会改掉自己爱发脾气、情绪暴躁的毛病，让自己不再是别人眼中的“火药桶”。那么，当愤怒情绪影响到我们的行动时，我们该如何处理呢？

1.释放自己的坏脾气

当怒气已经存在时，要格外注意控制自己的行为，防止应对行为的失控而导致新的致怒因素。在制怒过程中，要把怒气的自控和旁人的助控结合起来，乐于听取别人的劝告。与此同时，再辅以一些制怒的技巧，比如转移、释放、躲避使你发怒的源头，就可以远离怒气了。

2.克制自己的愤怒

如果我们不懂如何控制自己的愤怒，让愤怒恣意蔓延，很可能会做出一些让自己追悔莫及的事情。

当我们想发脾气的时候，不妨先忍耐一下，让自己冷静下来，理智地思考，这时候我们就会发现：有些事情根本没有发火的必要。

3.提醒自己不乱发脾气

当我们产生怒气时，可以试着保持高姿态，心胸开阔，自我安慰，来点“宰相肚里能撑船”的精神，使大脑中盲目的冲动冷却下来，逐渐消除心中的怒气；同时，全身心地重新投入到工作和生活中去。

心灵驿站

愤怒就像一把火，试图燃尽我们身边的一切。若当年项羽进入咸阳的时候，不被愤怒冲昏头脑，或许现在还保有阿房宫遗址。在生活中，我们千万不要被愤怒左右自己的行为。愤怒完全是一种破坏性的情绪，只有在人们想办法克服它的时候，它才凸显出它的正面价值，促使人们积极向上。

第09章

接受现实，消除不满的情绪

面对那些我们无法改变的事情，我们要做的不是生气，那样只会加深我们的痛苦，甚至令我们身心俱损。我们可以换个角度看世界，用微笑来表达自己改变不利因素的决心，如此就能获得更多的快乐。而当我们经历过这些事情以后就会发现，快乐其实很简单，摆脱不满的情绪也是非常简单的，一切都看我们自己。

没有遗憾就是最大的缺憾，苛求完美只会伤人

人生难免有遗憾，智者说：“没有遗憾是最大的遗憾。”确实，如果生命中没有遗憾的参与，那么生活也就失去了别样的精彩，我们也就少了很多丰富的体验，没有遗憾，我们的生命也就少了很多或光彩，或黯淡的时刻，是不完整的。

人的一生中，缺憾和挫折是难免的，欢声笑语和痛苦同在，烦恼与幸福共存，成功与失败共在。追寻成功的路上，我们对成功苛求越多，失败时的痛苦也就会越深，这也是心理学中所说的智能越高，对苦闷的体验就越敏感的道理所在。

事事追求完美，想要获得一百分，表面上看，这是一件十分好的事情。但实际上，它却会使人陷入一连串的恶性循环。研究证实，完美主义者往往过度重视和渴望来自外界的赞美和认同，甚至为之上瘾。他们拼命地努力，就是为了得到无休止的赞美和许可，以保持内心的平衡，满足他们内心对赞美的需要，最终让自己成为功利的奴隶。至此，成功却既没有给完美主义者带来什么成就感，也无法带给其完整、独立的自我感觉。其实，我们应该感谢那些生命中的遗憾，同时又不沉浸在遗憾中，而是善于忘怀过去，懂得把握现在。如此，我们才能带着一颗自由之心跨越尘世，才能拥有一股力量面对当下，赢

得美好未来。

曾经有一对金婚的夫妇接受记者采访，白发苍苍的女人说，她曾在婚前对自己这样约定，自己列出丈夫的10个缺点，当遇到这些缺点造成的冲突或错误时，就会无条件原谅丈夫。这引得主持人十分好奇，当他问及这10个缺点是什么的时候，这位老妇人说，我根本没有列出10个缺点，当丈夫的缺点一一暴露的时候，她就说服自己，这是自己写的10个缺点，是可以原谅的。就这样，他们风雨同舟地度过了半辈子。

人无完人，每个人都有缺点，只要无伤大雅，我们不妨带着宽容的心，不去苛求自己和别人，这样也是对自己心灵的一种解放。如果在美丽的大海边却过于在意一粒细沙，那么随着时间的流逝，这粒沙就会留在自己的心中，最终让自己错过大海的美丽，内心也变得一片荒芜。不去在乎眼中的沙子，其实并没有想象中那么困难。

在追求目标的过程中，我们有时会过度追求完美。其实，放下心中的苛求，我们完全可以收获另一种不同的成功。

一次，一名连长观摩麾下军队的射击训练。当看到士兵射击训练的状况后，曾经是神枪手的连长表示很不满意，说："来，我给大家示范示范。"

于是，他端起枪，稍加瞄准，一枪射出。"8环！"传来了报靶声。士兵们顿时鸦雀无声，整个靶场的空气似乎瞬间凝固了。但毕竟连长年事已高，偶尔一靶发挥失常，也是正常的。

连长又端起枪，瞄准得比第一次更仔细了。“啪”地一枪射出，“8环！”那边又传来了报靶声。士兵中已开始有人窃窃私语。

连长的第三枪、第四枪瞄准的时间更长，遗憾的是，接连传来的还是“8环”。士兵们开始骚动了。

第五枪，连长瞄准的时间更长，终于，他扣动了扳机。所有的人都屏住呼吸，“8环！”

接下来的第六、第七、第八、第九、第十枪，连长打得更离谱，竟连续打出只有两环的成绩。

士兵们开始骚动不安，在议论纷纷之中，各种风凉话也开始涌动起来，甚至可以隐隐听到讥笑声。连长依旧一言不发。

就在这时，一名眼尖的士兵突然失声叫道：“看哪，连长的靶眼连起来，不正是一个标准的正五角星吗？”整个靶场爆发出经久不息的掌声。

没有人能够一直按着自己的目标前进，总会有所偏差，也没有人每一步都是标准的，就像一个人无法每一次都打中十环一样。

生命总有缺憾，对于我们而言，关键的不是我们取得了多少辉煌的成就，而是我们是否能坚定信念，不轻易放弃，坚定不移地走好每一步。保持好的心态，根据实际情况不断修正自己的目标，你会收到意想不到的惊喜。

过于苛求往往还隐藏着偏执与自我压抑，严重影响我们的身心。苛求自己的人通常会给自己很大压力，一直处于焦虑之中，身心俱损，甚至在这种情绪是影响下走上极端。不少人年纪轻轻就患上各种心理疾病，比如抑郁症，其中就有苛求完美的原因。

如何从追求尽善尽美的诱惑中摆脱出来呢？

1.对自己的能力要有正确的估计

不要用自己的短处去与人竞争，而要正确评价自己，以自己的长处培养起自尊、自信。

2.重新认识“失败”和“瑕疵”

不必为了一件未做到尽善尽美的事而自怨自艾，没有“瑕疵”的事物是不存在的，盲目地追求一个虚幻的境界只能是徒劳无功。

3.为自己确定一个可以实现的短期目标

寻找一件自己有能力做好的事，然后去实现目标，把事做好。这样你的心情就会轻松起来，做事也会比较有信心。

心灵驿站

苛求自己，事事追求完美，只会让人很痛苦。完美是心中的理想世界，你可以在内心中向往它、塑造它、赞美它，但它并不是客观存在的，它只会使你陷入无法自拔的矛盾之中。一个人只有经受住失败的悲哀才能到达成功的巅峰，亡羊补牢，为时未晚。不必事事追求完美，不要因缺憾而自怨自艾，学会善待自己。

擦干昨日血汗，重新启程

困难和挫折是人生旅途中必有的经历，而成功的关键就是坚强地面对，而不是就此一蹶不振，失去前进的勇气。伟大的发明家爱迪生说过，厄运对乐观的人无可奈何，面对厄运和打击，乐观的人总会选择笑脸迎接挫折，接受新一轮的挑战。

1946年8月，21岁的李·艾柯卡到福特公司当了一名见习工程师。但他对这份工作并不感兴趣，相比这些机器和技术类的事情，他更喜欢与人打交道，更想做经销类的工作。之后，他也努力在销售方面发展，并取得了一些成绩。但他还是被妒火中烧的大老板亨利·福特开除了。本来一帆风顺的艾柯卡突然间变成连工作都没有的人。曾经他是众人羡慕的对象，现在大家都远远地避开他，连昔日的好友都已经销声匿迹，找不到人了，他败得一塌糊涂。

“艰苦的日子一旦来临，除了做个深呼吸，咬紧牙关尽己所能外，实在别无选择。”艾柯卡是这么说的，最后也是这么做的。他没有倒下去，而是接受了一个新挑战：应聘濒临破产的克莱斯勒汽车公司的总经理。

最后，艾柯卡凭借自己的能力，对企业进行了大刀阔斧的整顿、改革，使企业重振雄风。

如果艾柯卡不能直面失败，总是沉浸在昨日的伤痛中，放掉一个个重新开始的机会，就此一蹶不振、偃旗息鼓，那么他怎会成就自己的辉煌呢？正是不屈服于挫折和命运的挑战精神，使艾柯卡成为了一个让世人敬仰的英雄。

当我们面对生活和工作中的挫折时，该如何应对呢？

1.善待挫折

当我们在遭遇失败与挫折后，要静下心来分析检讨失败的原因，从中汲取经验教训，及时修正。没有危机就没有成就，我们应以积极的心态面对挫折，重新振作，向着目标坚定不移地前进，拥抱未来，何必在乎那些暂时的失败和过往的伤痛呢？

2.改变目标

一个人在追求目标的过程中受到挫折，通过认真反思发现目标很难实现时，那么就不要固执，应以实际情况为基础，适当降低目标。当然，改变目标也不是毫无原则的，而应在冷静地分析过自身条件以及客观条件允许改变的情况下，改变自己的目标。让“山重水复疑无路”的境地，出现新的转机，让局面豁然开朗。及时根据个人实际情况和社会需要改变自己的目标，可能收获另一番光景。

3.进行自查自省

学会原谅自己，学会自检自省，从挫折中寻求进步。既然事情已经发生，那么谁都无法改变结果。不如就让它随风而去，我们该关注的是当下。细细品味“失败乃成功之母”这句话，认真分析、审视自己受挫的过程，多从自身找原因，克服工作中自身存在的问题，重新出发。

心灵驿站

挫折是人生的必修课。它就是我们需要翻越的一座座大山，我们要么被它压垮，要么登上它的巅峰，一览众山小。面对挫折和失败，只要你抬起头，笑对人生，相信“这一切都会过去”，坚持不懈地努力，就能获得一个崭新的世界。

满目山河空念远，不如怜取眼前“人”

毕加索说得好，“人生应有两个目标：第一是得到所想要的东西，尽力去争取；第二是享受它，享受拥有它的每一分钟。常人总是朝着第一目标迈进，而从来不争取第二个目标，因为他们根本不懂得享受。”

在追寻幸福的路上，总是有人在不断抱怨自己的生活不够完美，自己不幸福。其实，不管你现在觉得多苦，你的身边总是有很多幸福和快乐的。人生最应该追寻的幸福和最值得拥有的幸福其实就在自己身边。即使幸福长有翅膀，只要我们懂得珍惜，它就不会飞走。世间最值得珍惜的不是得不到和已失去，而是现在所拥有的。

欧洲某国中有一个著名的女高音歌唱家，她在30多岁的时候就红遍了全国。后来又幸福地和相爱的人结婚了。婚后，两人过得十分幸福，是众人羡慕的对象。

有一年，这位女高音歌唱家去邻国举办个人演唱会，演唱会的票在几分钟内就被抢购一空了，她的演出得到了大家热烈的欢迎。在演出结束之后，她的丈夫和儿子一起到剧场来看望她，他们被等候在那里的歌迷团团围住，歌迷都表示了自己的羡慕之情。

在歌迷表示羡慕的时候，这位女高音什么话都没有说。当歌迷安静下来之后，她只是淡淡地说："我先要对大家的赞美表示感谢，我希望在之后的生活中我们能够共享快乐。但是你们只是看到了我光鲜的一面——其实我的儿子是一个不能开口说话的聋哑人，而且我还有一个长年关在家里的患有精神分裂症的女儿。"

这位女高音的话让所有的人都为之一惊，他们你看看我，我看看你，都不知道该说什么了。

而这位女高音则非常平淡地继续对他们说："我珍惜自己拥有的，我觉得自己现在很幸福。"

昨日已成历史，明日尚不可知，只有"现在"拥有的才是上天赐予我们最好的礼物。人世间最大的悲哀，就是人们对已经拥有的东西不去珍惜，但对得不到或已经失去的东西却念念不忘。

1.细数你的幸福

其实你拥有很多东西，你可以把你拥有的所有美好事物都记录下来，然后设想一下，假如你写的这些都失去了，你的生活将会变成什么样子呢？等你充分体会到了这种失落空虚的感觉，再慢慢地、一件一件地把这些身边的幸福还给自己，这时你就能体会到自己拥有的幸福，心情也就好多了。

2.跳出“我没有”的牢笼

生活中，不要总是说“我没有”，要跳出“我没有”的思维牢笼，把握当下。这种境界和大度，能让我们淡化忧伤、抱怨和欲望。也许我们总是因为自己的一些小缺陷而痛苦，但它们也是我们生命的组成部分，接受它们且善待它们，我们的人生便会多一份财富。

3.避免抱怨

我们总是抱怨，是因为我们忽略了身边的小幸福。抱怨会严重影响我们的身心健康。若我们一直处于抱怨之中，所有的事情都会变得不顺利，总是很难达到让自己满意的结果，甚至都是痛苦的源泉。

停止抱怨，能在很大限度上避免痛苦的产生，体味身边的幸福。对人对事有所求，最后没达到目的才会痛苦。如果对人对事保持平常心，充分理解他人的能力和事情的发展，就不会事事苛求，自然也就不会有那么多痛苦。

心灵驿站

我们的生活，就是由无数个“现在”组成的。走过昨天，把握现在，珍惜自己所拥有的，做好现在手中的事情，体会现在的感觉，用心活在当下，才能把握住人生的幸福。

与其沉浸在怨怼中，不如积极进取

人之所以会产生抱怨的情绪，是因为现实和理想之间存在一定的差距。出现了差距，也就意味着无法令人满意，苦恼和郁闷也就产生了，因此，人们也就产生了对自己的抱怨情绪。同理，对别人的抱怨也是一样的，你之所以会怨恨别人，就是因为他们没达到你的预期，让你不满意。就如我们身边的一些朋友，总是奢望那些无法企及的事物。所以，他们会哀叹自己际遇不如人，甚至在无法获得时心生怨怼，大肆地抱怨。其实我们本身已经很幸福，实在没有什么埋怨的必要。

张女士是一位职场女性，在单位里兢兢业业工作30多年，好不容易有评选正科长的资格。她的各项条件都很优秀，岂料，该企业的总经理却在关键时刻不给她开“绿灯”，让她为之奉献大半生的工作没有一个完美的收尾。为此她心里对那位总经理怨恨不已，直到很多年后，她心里的那种愤恨仍然不能平息。

就这样，因为心情不好，原本退休后可以享受闲暇时光有儿女相伴左右，本该快乐的张女士，却老是感到身体不适。她到医院检查后，配合治疗了一段时间，但情况并没有好转。

后来一位心理医生开导张女士说：“一个人只有做到忘记怨恨，才能从不快的痛苦中解脱出来；否则，无异于拿别人的错误惩罚自己。”张女士听后心情豁然开朗，终于从心里忘记了那些微不足道的怨恨，并主动去那位总经理家登门拜访。经过一番推心置腹的交谈，双方的误解烟消云散，张女士身体的不适也不治而愈。从此，笑容常常挂在她的脸上。

的确，若我们心中总是有愤恨的情绪，随着情绪的堆积，催生出负面的念头输入潜意识中，那我们的命运就无法好转了。

人与人之间有矛盾是不可避免的，人不是独立的个体，我们总是和身边的人不断接触，无论与陌生人还是自己的知己好友，谁又能避免磕磕碰碰的事情发生？世界本来充满矛盾。谁又能完全远离那些摩擦呢？

1.宽容对待别人的攻击

宽容地面对别人的攻击行为，不管别人怎么攻击都不为所动，自己走自己的路，不将时间浪费在这些争吵中，不让别人影响自己的情绪，更不让它左右我们的生活，始终相信清者自清。这样不仅能够让自己尽量不受到别人的伤害，而且能使自己以更好的状态去面对人生中的各种矛盾。

2.投入到积极的事情中去

不要将时间浪费在那些没有意义的事情上，我们可以将更多的精力投入到积极的事情中去。

这个世界本就是为了让你发展天赋本能而存在的，天生我材必有用。培养你的能力去做对全体人类有利益的事，正是你不可推卸的责任。

就是此刻此地，马上让你的头脑和双手动起来，把你的每一天、每一时刻，都变成富有意义的生命内容。

3.敢于否定自己

当我们的内心被一些错误的情绪控制和支配的时候，我们就会固执地认为自己的一切都是对的，别人都是错的。在这种错误思想的支配下，心胸难免会狭隘一些，抱怨的语言也会多一些。这些东西对于我们的前进是非常不利的，因此，我们应该敢于否定自己。

诚然，从感情上来讲，谁也不愿意去否定自己，有不少人认为否定自己是自卑的表现。实际上并不是这样，否定自己并没有我们想象的那么丢人；相反，对自己进行否定还是一种严格要求自己的表现。因此，我们没有必要有这样的心理包袱。

心灵驿站

你的宝贵光阴不要虚度在无限的忧愁和烦恼之中，不要与身边的美好失之交臂，去做更加有意义的事情吧，奋发上进的生命是不会有容纳无益的抱怨和不满的余地的。只有放下这些负面情绪的干扰，我们才能走向成功。

第10章

鼓足勇气，让悲痛和忧伤随坚强消散

人生苦短，除了有那些让人愉悦的喜事也有令人悲伤的坏事，正如月有阴晴圆缺一样，人总有悲伤时刻。人生的旅途不会总是一帆风顺的，总会有各种羁绊出现，使我们悲伤。我们应该鼓足勇气，让悲痛和忧伤随坚强消散，获得内心的快乐，继续前行。

人生本艰难，不妨放肆大哭一场

生活中，我们总会遇到让自己不高兴的事情，这时不妨选择放肆大哭一场。哭是一种常见的情绪反应，能够对人的心理起到有效的保护作用。专家指出：人在哭过之后，情绪强度会降低40%。也就是说：哭能够有效缓解情绪。那些我们心中的压抑和苦闷，都能在大哭后得到缓解和发泄，同时我们精神上的负担也能减轻。就像闷热的夏天迎来的一场雨后空气清新，彩虹出现一样，压力释放出来之后，你的生活也将更加精彩。因此，想活得尽兴，不妨大哭一场。

我们从出生时就学会了哭泣，在婴幼儿时期，哭泣可以促进肺的成长。长大后，当我们遇到伤害时，哭还能帮我们减轻痛苦。有科学家曾专门收集那些在打针后哭泣的孩童的眼泪进行试验，研究发现：这些孩子的眼泪中含有一种可以导致人产生痛苦情绪的有害物质。换句话说，孩子把这些有害物质通过眼泪的形式排泄了出来，整个人就轻松了很多，所以很快就能恢复快乐。

哭泣是造物者赐予我们的天生的本领，自有它的奥妙所在。但长期以来，传统观念一直教导我们，哭泣代表着软弱、可欺，尤其对男人更是如此。这样的枷锁，让我们压抑了哭泣的本能。当我们任凭痛苦和悲伤啃噬身体的同时，也拒绝了一种健康的宣泄模式。

埃利12岁的时候，就已经是英国小有名气的芭蕾舞童星了，但也是在这一年，她被查出患有骨癌，需要截肢。

她不得不住到了医院里，到这里探望埃利的人都在鼓励她，这里面有埃利的亲人、朋友甚至是喜欢她的观众。有人说："这只是上帝给你的考验，我们都在为你祈祷，你一定是个坚强的孩子，一切都会好起来的。"

也有人说："放心吧，现在医学这么发达，而且医疗中的奇迹屡屡发生，也许过几天，医生就会告诉你，你已经康复了！"

对于这些人的鼓励，埃利知道他们都是对自己好，所以埃利都回以坚强的微笑。

媒体采访埃利时问她有什么心愿，埃利说她非常想见一下戴安娜王妃。因为王妃曾经赞美过她的舞姿。说她像一只"洁白的小天鹅"。媒体报道后，戴安娜王妃真的抽时间来探望埃利，只不过探望的过程出乎所有人的意料。

戴安娜王妃没有像其他人一样劝解埃利，也没有一味地鼓励她，而是对她说："亲爱的孩子，如果你想哭，就在我的怀里哭出来吧！"

接下来的十几分钟，埃利真的在王妃的怀里放声痛哭，那似乎是在宣泄自己一直以来的委屈。哭完之后，她又开始了新的生活。

1.哭是一种最简单的发泄方式

当一个人在情绪不好时，大多数人会劝其“笑一笑”，而不是“哭一哭”。因为哭在人们的脑海中被定格为一种对身体不利的情绪反应，往往是和不好的事情联系在一起的。其实，哭泣作为一种常见的情绪反应，对人的心理平衡有保护作用。当人们的精神蒙受突如其来的打击时，当人们的心情抑郁不乐时，不妨该哭就哭，这样才能得到快乐和幸福。当我们极度痛苦或者过于悲伤的时候，痛哭一场，能让我们积极地面对现实，而不是沉浸在痛苦中不能自拔，损害自己的身心健康。

2.哭与健康的关系

不仅如此，哭还对健康有益。因为哭不仅能排除人的抑郁、忧愁和悲恸，还可使机体对有害物质进行自我调控，有些有害的物质可随着眼泪排泄出来，让我们的身体放松，恢复到原来的状态，不让自己被情绪所累。此外，哭也是一种对精神（心理）的自我调节，大哭一场，可使人的心情略感舒畅，颇有轻松之感。

3.哭是人们情感的流露

我们什么时候想要通过哭发泄一下呢？一般是在我们感到十分委屈或者受到重大刺激的时候。在生活和工作中，我们要面临很多的压力，我们大多会选择一种积极向上的方式去消灭它，但是人的忍耐力也是十分有限的，若各种坏情绪全部积压在我们心中，我们很快就会受不了，我们的精神压力也会越来越大，进而可能出现精神萎靡、情绪低落、失眠等状况，甚至能发展为抑郁症。因此，我们也需要通过一些途径来发泄自己的情绪，例如哭泣。

心灵驿站

如果想哭，就放声大哭。一次性让所有痛苦和忧愁浮到情绪的表面上来，彻彻底底地释放它们，然后开始全新的征程。不用有太多顾虑，好好地哭一场。

抛却昨日痛苦，带着微笑出发

微笑是一种神奇的电波，它能让人在不知不觉中同意你。

——卡耐基

如果说，有一种力量可以让人坚韧不拔、自信和温暖，那便是微笑的力量。一个人每天用微笑面对生活，那么，生活也会变得更加美好起来。如此，他就能抛却昨日的痛苦，微笑接受挑战，成为生活中的强者和英雄。而一个每天都愁眉不展的人，会被生活的挫折所击败，沉浸在曾经的失败中，成为生活中的懦夫。

在美国艾奥瓦州的一座山丘上，有一座不含任何合成材料，完全用自然物质搭建而成的房子。在里面生活的人主要靠人工灌注的氧气生存，并只能以传真的形式与外界联络。

这个房子里的主人叫辛蒂。1985年，辛蒂在医科大学就读期间，她到山上散步，发现了一些蚜虫。回到学校以后，她试图拿杀虫剂为蚜虫去除化学污染，但意外在这时发生了，她突然感觉到一阵痉挛。她原没有当回事，谁知这只是她悲惨后半生的开端。

原来，这种杀虫剂内所含的一种化学物质使辛蒂的免疫系统遭到破坏，使她对香水、洗发水以及日常生活中可接触的所有化学物质一律过敏，甚至连空气也可能使她的支气管发炎。这种“多重化学物质过敏症”是一种奇怪的慢性病，到目前为止仍无药可医。

患病的前几年，辛蒂一直流口水，尿液也变成绿色，有毒的汗水刺激背部形成了一块块疤痕；她甚至不能睡在经过防火处理的床垫上，否则就会引发心悸和四肢抽搐——辛蒂所承受的痛苦是令人难以想象的，她无法像正常人一样生活。1989年，她的丈夫吉姆用钢化玻璃为她盖了一所无毒房子，一个足以逃避所有威胁的“世外桃源”。她所有吃的、喝的都经过特殊的处理，连喝水都只能喝蒸馏水，食物中更不能含有任何化学添加成分。

多年来，屋子就是她的世界，没有花朵，悠扬的歌声。阳光、流水和风等正常人毫不费力就可以拥有的最平常的东西，都是她无法企及的。她躲在没有任何饰物的小屋里，饱尝孤独之苦。更可悲的是，无论怎样难受，她都不能哭泣，因为她的眼泪跟汗液一样也是有毒的物质。

坚强的辛蒂并没有在痛苦中自暴自弃，她一直在为自己，同时更为所有化学污染物的牺牲者争取权益。辛蒂在生病后的第二年，就创立了环境接触研究网，以便为那些致力于此类病症研究的人士提供一个窗口。1994年辛蒂又与另一组织合作，创建了化学物质伤害资讯网，保证人们免受化学物质威胁。目前这一资讯网已有很多会员，不仅发行了刊物，还得到美国上议院、欧盟及联合国的大力支持。

在最初的一段时间里，辛蒂也曾有过沉浸在痛苦中的时期，那时，她努力压抑自己，想哭却不能哭。随着时间的推移，她渐渐改变了生活的态度，她说："在这寂静的世界里，我感到很充实。因为我不能流泪，所以我选择了微笑。"因为她知道每一种生命都有自身的价值，所以绝境中她仍然能看到自己的价值所在。

1.每天对自己微笑

微笑是生活必不可少的调节剂和兴奋剂。我们如何面对生活，生活就会给我们相应的反馈。是哭是笑，全都取决于你。每天对自己笑一笑，笑出一个好的开始，一个好的心情，笑出一份自信，调节好自己的情绪，让自己拥有良好的心态。

2.微笑着相信自己

面对逆境，我们也应该对自己笑一笑，找到生活的希望。我们要相信自己的力量，相信别人能做到的你也一定能够做到。即使跌倒了，也有再爬起来的勇气。生活中总是充满阳光的，"山重水复疑无路，柳暗花明又一村。"不要让我们的愁容挡住了希望，笑一笑，让阳光温暖我们的生活。

3.微笑面对生活中的快乐和苦难

我们成长的道路，总是伴随着欢声笑语和辛酸的泪水，总是充斥着成功的喜悦和失败的沉痛打击。没有经历过失败的人生是不完整的，我们的身边总是会有这样那样的失意和磨难相随左右。不管遇到什么困难，我们都应该以平和的心态对待，用微笑面对生活，笑对人生。

心灵驿站

俗话说笑一笑，十年少。永远微笑的人是快乐的，永远微笑的面孔是年轻的。微笑像阳光，温暖我们的心灵；微笑像雨露，滋润着心田。微笑可以使走入绝境的人重新看到生活的希望；可以使孤苦无依的人获得心灵的慰藉；还可以使心灵枯萎的人受到情感的滋润。

卸下生命中的重担，轻松前行

过重的压力只能压断我们的脊柱。卸下不能承受的重量，让生活更加轻松。

当我们压力过大时，日复一日的体力和心力付出，会慢慢消耗我们的热情和前进的动力，令我们出现焦躁、抑郁等不良情绪，严重时甚至会导致心力衰竭。

不仅如此，压力还危害我们的身体健康。压力过大会增加人们得糖尿病、高血压、肥胖，甚至心脏病及骨质疏松等疾病的概率。压力能造成的最严重后果是过激行为、猝死甚至自杀，这些情况在职场人士中表现尤为突出。据医学资料统计，大约75%的职场中人的身心疾病都与压力有关。

有一个女孩，在学校的时候是一个活泼开朗的女孩，经常参加学校活动、同学聚会。但是自从大学毕业参加工作以后，她开始变得闷闷不乐。

下班后，她也不再像之前一样总是和朋友出去玩了，每天只待在家里闷闷不乐。一天，她问她的母亲："在生活和工作中，我应该怎样把握生活呢？"母亲什么也没说，只是把一把沙子递到女儿面前。女儿看见那捧沙在母亲的手里，没有一点流失。接着母亲开始用力将双手握紧，沙子纷纷从她指缝间泻落，握得越紧，落得越多。待母亲再把手张开，沙子已所剩无几。妈妈对她说："生活就像这手里的沙子一样，你握得越紧，它流失得越多。在生活中，不要把自己抓得太紧，要学会给自己减压，压力过大，你就无法享受生活了。"这个女孩若有所悟地点点头，此后，无论在工作还是生活中遇到了什么不顺心的事或者困难，她都用自信轻松的心态去面对。

人生的成长也是需要压力的。这是因为适当的压力能激发我们不断前行的动力，让我们离成功更近。但是，压力不宜过大，只有适当的压力，才能让我们感受到幸福！

生活就像手中的沙子，当压力过大时，我们要学会适当地卸下身上的重担，轻松前行，把握生命中的幸福和快乐。

那么，我们该如何缓解压力呢?

1.利用音乐缓解压力

音乐是我们每一个人不可或缺的精神食粮，一首优美的乐曲能使人精神放松、心情愉快，也让我们的大脑得以放松，体力得到适当的调整。所以，压力过大的时候，不妨多听听音乐，在享受艺术的同时也换来健康的身心。不过，在用音乐缓解压力时也应注意，首先，生气时忌听摇滚乐。人生气时，情绪易冲动，常有失态之举，若在怒气未消时听到疯狂而富有刺激性的摇滚乐，无疑会火上加油，将怒气扩大，到时不知会引起什么不好的影响。其次，空腹忌听进行曲。人在空腹时，饥饿感很强烈，而进行曲具有强烈的节奏感，加上铜管齐奏的效果，人们受音乐的驱使，会加剧饥饿感。

2.给自己安排休闲的时间

在工作和生活中，有成就的人似乎都觉得，他们完成的事越多，自己就可以用更少的力气做更多的事。如果你认为一件事两个小时可以做好，那么最好在行程表中安排三个小时，这是减轻压力的绝佳方法。当然，如果用不了三个小时就做完了，那也可以适当地奖励自己一下。

3.建立良好的人际关系

你应该学会扩展自己的交际圈，与更多的人交往。没有什么比与他人交往更能有效地治疗和预防压力了，我们都需要爱和欢笑。要知道何处是你的支持网，你可以向谁倾诉自己的情绪、寻求帮助。如果你找不到支持网，那么你真该去结交些朋友了。

心灵驿站

人生中的沉重，人生中的负担，往往让人不能承受。但是，主动权其实一直在我们手中，当我们学会放下，人生的旅途就会轻松许多。我们应了解自己的实力，量力而行，知道自己的极限在哪里，卸下过重的负担，轻松前行在成功的路上。

坚强面对挫折，在失败中寻找成功

在我们追梦的路上，在我们成长的路上，在我们工作中，在我们日常生活中，每个人都不得不面对挫折，没有谁总是一帆风顺的，无论谁都会经历磕磕绊绊。人生中大大小小的挫折、失败不计其数，关键在于我们如何面对挫折，我们不同的选择，决定了不一样的人生。

爱迪生是伟大的发明家，一生有过无数让人惊叹的发明。其中，人们印象最深的莫过于给人类带来光明的电灯。

这样一位伟大的发明家，在其人生道路上也不是一帆风顺的，他的奋斗之路和很多成功人士一样也是布满荆棘。他是铁路工人的孩子，小学没毕业就辍学了，在火车上卖报度日。在这样的环境下，很多人会甘于平凡，然而，爱迪生却用勤奋来改变人生。他平日最喜欢的就是做各种实验，制作出许多巧妙的机械。他尤其对电器感兴趣，自从法拉第发明电机后，爱迪生就决心制造电灯，有了这个决心，实践变成了他生活中的唯一乐趣。

爱迪生在进入实验室前，做了前期准备，他总结了前人制造电灯的经验，并制订出详细的试验计划。他的实验主要针对两方面作研究：一是分类试验1600多种不同的耐热材料；二是改进抽真空设备，使灯泡有高真空度。他还对新型发电机和电路分路系统等进行了研究。

在将1600多种耐热发光材料逐一地试验过后，他发现，除了价格昂贵的白金丝性能较好外，其余的材料都不合适，这让爱迪生的实验陷入了困境。

面对这样的挫折，爱迪生始终没有放弃，还是不断寻找更合适的材料来代替。1879年，爱迪生决定用碳丝来作灯丝。结果，电灯亮了，竟能连续使用45个小时。就这样，世界上第一批碳丝的白炽灯问世了。

对于一些发明家而言，这样的结果已经很理想了，但爱迪生并不满意，他在发明碳丝灯后，又接连试验了6000多种植物纤维，后来又找到竹丝，这使电灯的使用寿命又大大延长。电灯竟可连续点亮1200个小时。

其实，爱迪生无论是在人生的路上还是他钟爱的实验事业上，都受到很多了挫折，但他面对挫折时，能从失败的经历中总结经验，坚强地走出挫折的泥潭，一直从事自己喜欢，又对人类有意义的发明事业。

1.挫折——人生的必修课

在人生路上，挫折总是伴在我们身边。有一位作家曾说过，顺利是偶然的，挫折才是人生的常态。朋友，让我们正视生活中的挫折，把挫折当作是人生的一堂必修课，坚强面对挫折，去经历它、感受它、咀嚼它，克服一个又一个难关。当你日后回头看这一堂堂的人生必修课时，你要感谢的也许正是那些曾经困扰过自己的挫折，是它们让你能不断成长。

2.挫折——成功的催化剂

挫折总是不断磨砺我们，让我们的心理素质变得更好，面对下一次的挫折时，能够从容地爬起来，不再害怕失败，不再害怕尝试，也不恐惧挫折，勇于重新开始。在挫折中，我们已经找到了战胜挫折的方法，也更能看清自己，知道自己的哪些事情是对的，哪些事情是错的，积累充足的经验。在以后的挑战中，我们犯的错会越来越少，正确的选择会越来越多，也会越来越接近成功。

如果把人生比作一本存折的话，那么，每一次挫折都是自己的一笔存款，经历过坎坷的人生才是充实的。所以，挫折不可怕，有时候它对我们是十分有益的。挫折带给我们的，不只是在遇见问题的时候学会千方百计地将困难解决，更让我们在此过程中不断地积累知识和见识，这是挫折带给我们的专属知识，是人生最宝贵的财富。

心灵驿站

挫折是人生的必修课，其实，挫折本身并不可怕，我们也没必要害怕它的存在，它是有双面性的，在带给我们伤害的同时，它也是成功的增光剂。因为有了挫折、磨难的对比，成功才会更值得开心；因为有了它作基础，成功才会更加坚实。

痛苦中积累经验，让身心更加强大

霍尔特曾经说过："追求幸福，免不了要触摸痛苦。"荷马也说过："多受痛苦的折磨，见闻会渐渐增多。"是的，每个人在成长的过程中都会有痛苦，痛苦是人生的一部分。如果人生没有体会过痛苦，只有欢乐，那你的人生也是乏味的、无乐趣可言的。

生命中有了痛苦，我们才能不断磨砺自己，在痛苦中不断成长，在痛苦中不断成熟。痛苦是磨难的象征，一个人若无法承受生活中的痛苦，那么也就难以攀登到人生的顶峰，获得属于自己的成功。在痛苦中，我们变得刚韧，所谓百炼成钢，我们会遇到更加优秀的自己。幸福和痛苦是相对的，没有人生的痛苦，也就无所谓人生的幸福，所以回避痛苦是不现实的，也完全没有必要。经历痛苦是人生道路上必需要有的过程。没有痛苦的人生，是不完整的人生。

鹰的年龄最高可达70岁，是世间寿命最长的鸟类。它在40岁时，要面临一次选择——是痛苦地重生还是安乐地死去。

当鹰活到40岁时，它的爪子开始老化，不能有效地抓住猎物。它的喙开始变得又长又弯，几乎触到胸膛。它的羽毛变得又浓又厚，翅膀也因此开始变得沉重，飞翔都显得有些吃力。

这时它只有两种选择：等死，或开始一次痛苦的重生。后者意味着一段漫长的操练时光。它必须很卖力地飞到山顶，在悬崖上筑巢，停留在那里，不能飞翔。

鹰首先忍着痛，用它的喙击打岩石，直到喙完全脱落。然后，它静静地等候新的喙长出来。它会用新长出的喙把指甲一根一根地拔出来。当新的指甲长出来后，再把羽毛一根一根地拔掉。五个月以后，新的羽毛长出来了，鹰的重生就完成了，它也获得了第二次生命。

如果40岁的鹰选择逃避，那么等待它的就是生命的枯萎。它唯有选择经历苦痛，生命才能得以再生。重生与成功的道路上注定要布满荆棘。

每个人都有痛苦的经历，以后我们将要过怎样的生活，就看我们如何选择。是消极地承受痛苦的悲观人生，还是积极地承受痛苦的乐观人生？如同幸福一样，痛苦也是一种感觉，有些人以苦为荣，以苦为乐。能承受的痛苦越大，我们也就越可能获得成功。痛苦是人生的一种营养，能够让我们不断成长。在痛苦中迷失自己的人，是最没有出息的。承受痛苦，并解脱痛苦和烦恼，是一种生存的本领，我们都应该努力掌握这个技能。

从痛苦的经历中，我们能体味到什么呢？

1.重新审视自己

其实，经历痛苦也是一件十分美好的事情，因痛苦让你真正地明白自己，痛苦让你开始重新审视自己，看清梦想与现实的差距，开始审视自己的生活。当你的心灵完全专注在让你痛苦的事情上时，你将真真切切地感受每一个细节，于是，在这种专注中，你发现了自己，发现了完全不同的自己。

2.调整自己的心态

一切痛苦终将成为过去。我们身处痛苦的过程，也是我们不断成长的过程，我们在痛苦中不断改变，完善自我。当痛苦如潮水般退去，我们会发现我们开始了一种全新的生活，自己也变得更加美好！

我们无法避免生活中的痛苦，但我们可以调整自己的状态。让我们踏踏实实地生活，积极面对生活中的痛苦，远离心烦气恼的生活。

心灵驿站

我们应该感谢痛苦，它让我们的生命更加丰富多彩，它帮助我们敞开了我们封闭已久的心扉，挖掘出了我们灵魂深处的宝藏。让我们更加了解自己，释放自己的无限潜力；让我们在与痛苦的对决中不断成长，发现那个从未谋面的更加强大的自己，一个更加优秀的自己！

第11章

喜欢自己，播种自信，战胜自卑

如果你要让别人喜欢你、信任你，那么你首先应该学会的就是自己肯定自己，自己喜欢自己，相信自己的实力，让自卑无藏身之地。如果自己都做不到这些，那又有什么理由苛求别人喜欢你呢？

练就“厚脸皮”，何必对小事敏感

生活中，我们也曾因为一些小事而“浮想联翩”。如你聚会中与你想要合作公司的领导相遇，你好不容易鼓起勇气上前打招呼：“你好。”但对方根本没有注意到你而继续和身边的人交谈。此时，你会怎么想呢？自信的人在遇到这种情况的时候，会“厚起脸皮”，重拾信心，主动上前与其继续攀谈；而自卑的人往往会让自己陷进敏感多疑中，止步不前，认为对方漠视自己，根本没把自己当回事。

其实，你受到冷遇，也许并不是对方故意漠视你，很有可能是因为对方一直将注意力放在和他人的交谈中，还没有注意到你，或者有其他一些客观原因的影响。此时，你不必气馁，应该继续与他交往，锻炼自己的“厚脸皮”，为自己赢得更多成功的机会。

苹果公司的前任CEO乔布斯是一个态度强硬的谈判高手，也是一个非常冷酷无情的“厚脸皮”人士。

在乔布斯离开苹果公司，建立皮克斯公司的时候，他曾在处于弱势的情况下，与迪斯尼联手制作了动画电影《玩具总动员》，当时双方还就合作事宜签署了协议。

不过，在乔布斯的心目中，一份协议从来不是“铁定的事实”。于是，在《玩具总动员》取得了巨大的成功之后，“厚脸皮”的乔布斯便计划着要撕毁那份让他不甚满意的合约。

随着《玩具总动员》票房收入猛增，乔布斯认为，皮克斯公司已经不是以前的皮克斯了，他的谈判地位已经彻底改变了，而他们之间的协议也需要重新签订了。

于是，乔布斯很快便给迪斯尼的CEO迈克尔·艾斯纳打了一个电话，要求与他谈一谈。

面对着这通电话，艾斯纳愕然了：他和乔布斯已经签订过协议，并且各项条款都有明确规定，是不能更改的。而现在，狂妄的乔布斯，竟然想挑战他，要与他平起平坐！对此，迈克尔·艾斯纳虽有些怒不可遏，但也无可奈何。

他们两个人无疑都是谈判场上的高手，也都知道如何利用自己的优势，发掘对方的弱点。

因此，最后，迈克尔·艾斯纳还是对“厚脸皮”的乔布斯让步了，因为他不想失去这个合作伙伴，于是双方重新拟定合作协议，而乔布斯也通过这一“厚脸皮”的举动，最终捍卫了自己和公司的利益。

“厚脸皮”不仅对我们的成功大有裨益，同时也有助于人际交往。其实，在人际交往中，有时候好面子、脸皮薄，并不是什么好事，而是我们人际关系的大敌。

人们所说的脸皮薄的实质并不是什么有廉耻之心或敬畏之心的表现，而是极度不自信的表现。一个人只有不自信，不认可自己的能力，才会左顾右盼，轻易放弃。如果这个人的内心足够强大，十分自信的话，就不会有什么不好意思、难为情之类的顾虑了。所以，在很多时候，我们都要保持一张“厚脸皮”，并以此来对别人施加影响力。

厚脸皮并非没有原则、老于世故，而是要耐得住羞辱和讽刺。我们可能有过因脸皮薄、要面子而在别人的刺激下失去理智，进而做出一些令自己后悔莫及的事情的情况。如果我们不要总是有那么多顾虑，让脸皮厚一点，不让自己的情绪为别人所影响，就能够避免这类事情的发生。因此，在某些特定的时刻，“厚脸皮”非但不是没原则，反而是人走向成熟、心理素质更好的标志。

很多时候，面对生活中的残酷考验，我们都应学习一点“厚脸皮”的精神，不怕丢面子，勇敢地迎难而上。要知道，脸皮厚才会无所顾忌，才能够大胆地去尝试，才能离成功更近。那么，我们应该如何培养自己的“厚脸皮”呢？

1.自信面对一切

自信是成功的基础。我们要相信自己能战胜自己面前的困难。树立了这种自信心与自豪感后，我们便能敢于面对各种挑战，在成功的路上不断前行，追寻自己的目标。

2.勇于尝试

威廉·莎士比亚曾经说过：“想象中的恐怖，要比现实中的恐怖更大。”反而言之，“实际情况其实要比想象的简单得多”。

因此，我们每个人在面对困难和畏惧的时候，都应该有尝试的勇气，只有尝试过后才会发现你所畏惧的事情并没有你想象中的那么难。而那些总是不敢去尝试的人，每天只是会想事情是多么的艰难，而不付诸行动。在想象中，这件事情的难度也被无限放大，最终只会制约我们的行动力，何谈成功？

3.调整心态，提高抗压能力

在与人交往的过程中，我们总是有害怕被拒绝的心态，这无非是害怕自尊心受挫。其实，换个角度想象，你在买东西时会来者不拒吗？所以，我们应该学会调整自己的心态，即使面对别人的恶语相向，也能一笑置之，这种“厚脸皮”的应对技巧，将为你赢得更多的机会。

心灵驿站

“厚脸皮”不仅在人际交往过程中有重要作用，而且能让我们离成功更近。在追梦的路上，放下你的面子，锻炼自己的“厚脸皮”，它一定会体现出它的价值，你也能收获一些意想不到的惊喜。

独一无二的你，何必受自卑的困扰

我们对生活抱有什么样的态度，往往决定着我们生活的质量。有很多人被自卑的情绪所困扰，自卑往往成为成功路上的阻碍，束缚住了他们的手脚。自卑，在每个人的潜意识里或多或少地存在着。甚至有句话叫作，天下无人不自卑！

自卑会控制你的生活。它总是潜伏在你的身边，在你决定有所取舍的时候，抹杀你的勇气，让你止步不前。如果你无法承受自卑的打击，沉浸在忧郁的泥潭中而无法自拔，在自卑中沉沦，裹足不前，痛失机遇，那么，你也就很难获得成功。我们需要正视自卑，不退缩，理智对待，尽力克服，努力超越。

徐东从一个遥远的小山村以优异的成绩考入了北京大学，带着全村的希望来到北京这个陌生的城市求学。也是从那一刻起，他下定决心要在这个城市立足，再也不回那个名叫“故乡”的穷乡僻壤；但是，出身贫寒的他似乎从来到这个城市起，内心的自卑就愈发显现出来，哪怕是他成绩优异，在一家知名企业就职，也未能驱散心中的自卑。

他时时都想要争胜，总是要和别人争个高低。“不能让人家瞧不起！”这种意识在他的脑海中不时响起。

一日，同事无意间说起自己出差时被人讹钱的遭遇，顺带说了一句：“农村人就是难缠！”说者无心，听者有意。徐东的神经立即被挑动了，他联想到平日里这位同事的严格与两人之间曾经有过的嫌隙，认定对方就是故意说给他听的。于是，两人在办公室大吵一架。

一句与当事人并无直接关联的话，却惹得徐东如此愤怒。归根结底，这都是由于徐东本人自卑感太重。

每个人都会有感到自卑的时候，然而有的人因自卑而成功，有的人却因自卑而一败涂地。究其原因，就看自卑在你前进的过程中充当的角色是动力还是阻力。

一位父亲很为他的孩子苦恼，他的儿子已经成年了，可是仍然自卑，一点男子气概都没有。于是，父亲去拜访一位禅师，请他训练自己的孩子。禅师说："你把孩子留在我这里，三个月以后，我一定把他训练成真正的男人。"父亲同意了。

三个月后，父亲来接孩子。禅师安排孩子和一个空手道教练进行一场比赛，以展示这三个月的训练成果。可是教练一出手，孩子便应声倒地。他站起来继续迎接挑战，但马上又被打倒，他又站起来……就这样来回好多次。禅师问父亲："你觉得你孩子现在还自卑吗？"

这位父亲说："我简直羞愧死了！想不到我送他来这里受训三个月，并没有什么效果，还是那么不经打，被人一打就倒。"禅师摇摇头说："你只看到了表面的胜负，却没有看到你儿子那种倒下去又立刻站起来的信心和勇气，这才是真正的男子汉气概啊！"

如果我们心中已经有自卑的种子时，该如何处理呢？

1.善待失败

失败只是人生的一种经历，不要只记得失败，忘掉了自己的成功，更不要把失败融进自己的思想，总是沉浸在自我谴责中，让自己的自尊感逐渐消失，成为一个自卑的人。

成功的人知道，不管曾经有过多少次失败，都只应当它们是自己成功路上的点缀，未来总是光明的，在失败中应该学会总结失败的教训，吸取经验，不断完善自我，把失败和不如意看作是奔向目标的一个反馈，继续在追梦的路上前行。

2.积极的心理暗示

心理学研究表明：每个人的意识中都有一个理想的、积极的自我形象，但这个理想的自我形象并不总能指导和主宰自己的行为，它会经常受到消极的心理暗示的影响。只要我们给自己积极的心理暗示，就能驱除自卑的阴影。

3.立足长处，建立自信

哈佛著名学者亨利·梭罗说："自信地朝你想的方向前进！人生的法则也会变得简单，孤独将不再孤独，贫穷将不再贫穷，脆弱将不再脆弱。"

自信是一种可贵的品质，它能帮助我们积极面对生活的困境和失败，是取得成功的催化剂。而一个自卑的人会怀疑、否定自己的能力。自信心是克服自卑最有效的良药，而自信是建立在正确认识自我与评价自我的基础之上的。因此，只要凡事相信自己的能力，认可自己，自卑就会逐渐远离我们。

心灵驿站

每个人都不是十全十美的，都会受到外界和自身的限制，当我们对一些事物不了解，或者遇到一些自己无法完成的事情的时候，我们都可能产生自卑的心理。当我们遇到这些事情的时候，用平常心对待，相信自己的实力，相信自己是独一无二的，就会有新的收获。

坦然面对缺点，可敬之余更添可爱

有些人被人谈到自身的缺点时，总是刻意回避，或者不由自主地摆出防御姿态，反唇相讥，即便别人可能只是善意的忠告。这种行为是不可取的。不要忘记，每个人都有优缺点，只有直面自己的缺点，才能不走入过分自信的陷阱，让自己更加优秀。

俗话说：金无足赤，人无完人。能否接纳自己是衡量一个人心理状况是否积极和健康的一项重要指标。生活中，很多人因为自己的一些缺点而感到自卑，甚至一蹶不振。其实，缺点不会让别人远离我们，坦然地承认自己的缺点，只会令别人更觉得你可爱、真实，更愿与你交往。

一次，林肯遇见一位妇人，她仔细端详了林肯后说："先生，你是我见过的最丑的男人了，你为什么没有一张好一点的脸呢？"林肯幽默答道："夫人，我实在没办法，请问你有什么好的建议吗？"那位妇人思考了一下后说："那你总可以待在家里吧？"

林肯笑着对那位夫人说："谢谢你，我的夫人，这倒是一个挺不错的建议。"

几天后，林肯与他的竞选对手进行一场公开的辩论赛。他的竞选对手指控他说一套做一套，完全是个有两张脸的人。

林肯哈哈一笑说：“几天前，我遇到一位老妇人，她看到我的这张脸后建议我待在家里不要出来，但是为了美国人民的福祉，我不得不带着我的这张丑脸出来工作。他指责我有两张脸，大家说说看，如果我有两张脸的话，我会带着张丑脸来见大家吗？”林肯的话逗得大家哄堂大笑，连他的对手也跟着笑了。

正是在自嘲与调侃的言谈间，林肯博得了大多数选民的支持与理解，一路顺利，最后成功当选美国总统。

在现实生活中，我们会发现一个有趣的现象：那些看似完美、高高在上的人，似乎并没有什么朋友，人们也对他们敬而远之。这是为什么呢？这正是因为他们给自己树立了完美的形象，让大家都不愿意与他们交往。

有研究结果表明：对于一个德才兼备的人来说，适当地展现一些自己小小的缺点，不但不会有损自己的形象，反而会使人们觉得你更加真实、可亲，对你更加喜爱。这就是社会心理学中的“暴露缺点效应”。那么，人们为什么会对那些暴露缺点的人有更多的好感呢？这是因为：

1.暴露小缺点，让你更加真实

如果一个人只展示自己的优点，锋芒毕露，别人就会觉得你华而不实或者故意做作，于是不愿意与你亲近。在与人交往的过程中，不妨暴露一些自己的小缺点，有意无意地卖点儿

“傻”，学点儿“笨”，别人会因此觉得你很好亲近很真实，你也更容易被人接受。没有一个人是完美无缺的，我们又何必假装完美甚至产生压抑和自卑的情绪呢？那样不仅显得自己格格不入，还容易让别人不舒服。

2.坦然面对自己的缺点，让你更值得信任

博恩·崔西说：“展尽优点，不如暴露一点点缺点来得真实。”坦然面对自己缺点的人，会让人们觉得他更值得信任。众所周知，每个人都有缺点，坦承自己的缺点可能会使人失望，难受一阵子，但过了这段时期，人们对他的缺点的关注就会下降，而更多地关注他的优点，感受他的魅力，从而更加信任他。

3.承认自己的缺点，更值得尊敬

具有优点的人值得学习，不掩饰缺点的人值得尊敬。生活中，每个人都有缺点，可能我们暂时没有把缺点变成优点的能力，但如果我们能坦然面对自己的缺点，并在此基础之上，不断努力，提高自己，改正缺点，就会使自己变得越来越优秀。

心灵驿站

“金无足赤，人无完人”，不要总是想要隐藏自己的缺点，做一个“完美”的人。其实，适当地暴露自己的缺点，会让别人觉得你更加真实、可爱。在成功的路上，能够客观地认识自己的缺点，不怕露怯的人往往比想方设法“藏短”，不敢正视自己缺点的人更容易获得成功。

播种自信的种子，收获成功

德国哲学家谢林曾经说过：“一个人如果能意识到自己是什么样的人，那么，他很快就会知道自己应该成为什么样的人。但他首先在思想上得相信自己的重要，很快，在现实生活中，他也会觉得自己很重要。”

每个人身上都潜藏着无限的可能，但并不是每个人都能充分运用这些隐藏能力。许多人在默默无闻中葬送了自己的天赋，最终一事无成。成败的关键就是你是否自信，是否相信自己拥有改变世界的能力。

小泽征尔是世界上著名的指挥家。他的成功不仅来自多年的刻苦努力，更重要的是源于他的自信。

有一年，欧洲指挥大赛到了决赛时。小泽征尔按照评委会交给他的乐谱指挥乐队演奏。在演奏的过程中，他发现乐谱有些不和谐的地方。起初，他以为是乐队的演奏出了问题，于是停下来重新演奏，但仍然感觉有些不如意。按常理说，评委给出的乐谱都是非常完美的，不应该出现这种不和谐的地方。是继续这样演奏下去，还是……小泽征尔停下来开始思索，片刻之后，他转过身来，向评委们反映乐谱的问题。但在场的作曲家和评委会权威人士都郑重表示乐谱并没有任何问题，问题在于他。当时小泽征尔还不是世界级的指挥家，而只是一个参赛者。面对这么多专家众口一词，小泽征尔并没有被他们的气势所压倒。他稍加考虑后，在这批音乐大师面前大声说了一句："不，一定是乐谱错了！"话音刚落，评判台上立刻响起了热烈的掌声。

原来这都是评委们精心设计的，以此来检验参赛的指挥家们在发现乐谱有错误并遭到权威人士"否定"的情况下，能否坚持自己的判断。乐谱中的问题不是只有他一个人发现了，但是别人终因趋同权威人士而惨遭淘汰。小泽征尔却自信坚定，因而摘取了这次世界音乐指挥家大赛的桂冠。

自信并不是自负，而是智慧与才能的结晶。自负的人不能客观地评价自己，喜欢制造虚幻的自我满足，总是希望得到超过自己实际价值的肯定，但结果往往适得其反。自信就是要克服自卑、战胜自负，自信地面对各种挑战，顺利走向成功的彼岸。

1.自信——成功的阶梯

自信是使人走向成功的第一要素，如果你有了自信，那么你就已经迈入了成功的大门。一个人能否做成、做好一件事的关键就是看他是否有一个好心态，以及能否持之以恒。当然，其间只有少数人能获得成功，取得卓越成就，失败的人则多如牛毛。成功的人在遇到挫折和危机的时候，仍然是顽强、乐观和充满自信的；而失败者往往退缩，自己放弃了成功的机会。我们应该学会自信，成功的程度取决于拥有信念的程度。

2.通过潜意识培养自己的自信

是否具有自信心，是影响事情成败的重要因素。倘若我们连自己都不相信，那么，也就失去了机遇、失去了成功、失去了获得幸福的可能。

树立信心的前提就是要战胜自己大脑中的不自信的情结。心理学家认为，不自信其实是由自己想象中的缺陷所导致的，它令人们不相信自己，认为任何事情都没有希望。其实，无端去想象“没有希望”（可能实际上并不存在）不是多余的吗？既然“不自信”是想象中的事物，我们就可以通过潜意识来战胜它，培养自己的信心。

3.立足长处，培养自信

立足自己的长处，让自己充满信心地迎接以后的挑战。闲暇之时，我们不妨坐下来，细数一下自己的优点，以赞美的心态进行审视，将关注点放在自己的优点上，树立自信心。只要我们相信自己的能力，即使一时失意，也及时地鼓励自己，渐渐地，自信就能被培养起来。

心灵驿站

古往今来，每一个伟大的人物在其生活和事业的旅途中，无不是以坚强的自信为其先导。我们要相信：“一个人之所以失败，是因为他自己要失败；一个人之所以成功，是因为他自己要成功。”

懂得欣赏自己，好好地生活

生活中的美好都源于我们对生活一往情深的欣赏。其实，人最应该欣赏的对象就是自己。如果一个人对自己都不欣赏，甚至连自己都看不起自己，那么，这个人怎么还能有自信、自尊、自强和自爱呢?

我们总是羡慕别人身上的优点，挑剔自己身上的缺点，于是在我们经历失败或者挫折之后，按照别人喜爱的模样，按照别人的优点不断改变自己，将自己变成另一种模样。然而，在人生的旅途中，我们最应该做的就是欣赏自己，找到自己的闪光点，绽放属于自己的光芒。

我们最应该学的就是欣赏自己，给自己增添信心，让自己拥有不断向上的动力。在当今竞争激烈的社会中，一个会欣赏自己的人不会止步于别人给予的赞美，也不会满足于自己曾经取得的成就。要知道，欣赏自己是一个人认清自己优点，然后通过自己的实力，将优点放大为可利用的优势资本的过程。

一位叫琳达的女子，已经30岁，但是似乎找不到自己活下去的理由。她觉得自己身材矮小，长相又不漂亮，说话还是浓厚的法国乡土口音……自己身上全是缺点，简直是一个一无是处的人，她甚至没有勇气去面试，去面对别人打量的目光。

就在琳达徘徊于生死之间的时候，与她一起在收容院长大的好朋友约翰兴冲冲地跑来对她说：“琳达，告诉你一个好消息！我刚刚从收音机里听到一则报道，拿破仑曾经丢失一个孙女。播音员描述的相貌特征，与你丝毫不差！”

“真的吗？我竟然是拿破仑的孙女？”琳达一下子精神大

振。联想到爷爷曾经以矮小的身材指挥着千军万马，用带着泥土芳香的法语发出威严的命令，她感觉自己瘦小的身体蕴含着无限的力量，嘴里的法国乡下口音也带着几分高贵和威严的意味。

这一个晚上，琳达想了很多，她想到的不再只是自己的缺点，她还发现了一些自己平时忽略的优点：勤劳、坚韧、刻苦……怎么以前就没有发现呢？

第二天一大早，琳达便满怀自信地来到一家大公司应聘。

几十年后，已经成为商场精英的琳达，查证出自己并非拿破仑的孙女，但这早已不重要了，因为她已经用自己的实力证明了自己。

在一次知名企业家的讲座上，曾有人向琳达提出一个问题："作为一名成功女士，您认为，在成功的诸多前提中，最重要的是什么？"

琳达没有直接回答他的问题，而是讲了这个故事。最后，她说："接纳自己的缺点，欣赏自己的优点，将所有的自卑都抛到九霄云外。我认为，这就是成功最重要的前提！"

这是一则鼓舞人心的小故事。其实，这个世界上真正完美的人是不存在的，不管你自己承不承认，愿不愿意，缺点总是存在的。有缺点并不可怕，没有人会因为你身上有缺点而妄加指责，也没有人会因为你有缺点而看不起你，你就是你，值得你自我欣赏。

想要更加懂得欣赏自己，你需要做到：

1.发现自己的闪光点

欣赏自己，要善于发现自己的闪光点，完成一件事后，及时地表扬自己；把自己的优点、长处、成绩、满意的事情统统找出来，在心中“炫耀”一番，自己给自己积极的暗示，如“我可以”“我能行”“我真的行”，如此就能逐步摆脱“事事不如人，处处为难己”的阴影，感受到生活的美好，从而保持奋发向上的劲头。“天生我材必有用”，自己为自己喝彩，自己给自己加油。

2.不断超越自己

任何人想要在这个人才济济的社会脱颖而出，想要进步，就必须要不断挑战自己。在成长的过程中，不断挖掘自己的能力，不断进步，只要我们相信自己，欣赏自己，摒弃自卑，就能在职场和事业上不断彰显自己的能力和价值。

3.欣赏自己，不自负

我们要懂得欣赏自己，但这并不意味着自命清高，你需要在点滴生活中懂得欣赏自己的独特魅力，了解自己的重要性。你需要发现自己的魅力，发现自己在性格、潜力，甚至道德品质等方面的独特之处，这些都会让你散发出自信的耀眼光芒。

心灵驿站

任何人都没必要总活在别人的评价和标准中，只要你自信地为自己而活，你就是最耀眼的人。欣赏自己，你就是独一无二的存在，你就会收获颇多。

不让攀比侵蚀自己的心

现代人喜欢攀比，在衣食住行等各个方面都想与别人一决高下。有人说，攀比是一把双刃剑。一方面，攀比能激发个人的无限潜能，给人向上的动力；另一方面，攀比也让自己活得很累，让烦躁的心理失去平衡。

很多人从一出生就开始了攀比和计较。婴幼儿期间，人们通过触觉，“攀比”别人获得的喜爱，试图通过哭声诉说自己的“计较”；上学期间，孩子们会“攀比”学习成绩，“计较”老师偏心与否；进入工作环境后，人们会“攀比”谁公司的福利待遇更好，“计较”公司公平与否；就算父母撒手人寰了，有些兄弟姐妹还要“攀比”谁分得的遗产多，“计较”逝者所立的遗嘱是否有失公允。

其实，一味地和别人攀比，只会让人失去自我，让自己失去价值。每个人都是独一无二的，都有自己的闪光之处，别让攀比侵蚀自己的心。

艾丽莎是一位都市白领，每天忙于工作，和丈夫结婚后，一直租住在公司附近。去闺蜜的新房温居后，艾丽莎心动了，和丈夫吵着闹着要买房。由于资金有限，两人精挑细选后在郊区定了一套性价比比较高的二居室的房子。终于拥有了自己的家，艾丽莎心中乐开了花。

但是没过多久，另一位好朋友也买了一套房。装修好后，朋友打电话让艾丽莎到家里参观。朋友的房子地段好，而且房子面积大，有两层楼，装修是欧式风格，十分高档，艾丽莎原本买到房的好心情被朋友“更好”的房子给冲击掉了，再也没有了当初的那份开心。

再回到家，艾丽莎怎么看都觉得自己的房子处处不好，再也没有舒适、方便的感觉了，于是她又劝丈夫“重新动动”，在市区买房，要和那位朋友住同一栋楼。夫妻俩为此整天争吵、身心俱疲，好好的家庭从此变得鸡犬不宁。

这就是攀比心理作祟的后果！本来很好的生活，因为攀比，也变得一团糟了。

我们生活在这个世上，每个人都有虚荣心，这原本无可厚非，然而，如果这种虚荣心太过，就会成为一种负担，让自己感到不快乐，生闷气，生闲气，甚至还会让他人感到厌恶。攀比是因过度虚荣而表现出来的一种让人讨厌的性格特征。很多时候，我们的虚荣心得到了满足，可为了这点满足却付出了巨大的代价：想方设法、不择手段、焦头烂额、心力交瘁，让我们的生活失去了乐趣。

拒绝攀比之心，从哪几方面入手呢?

1.保持平常心

其实，羡慕别人的工作待遇好、别人过得好，这都是正常的心理活动，而且，与别人适当的比较可以激发我们向上的动力。但是，对待别人的生活也要有一种理性而自信的态度：相信通过自己的努力，可以获得自己想要的生活和工作，不必总是羡慕别人。面对别人的成功，我们也应该保持平常心，过自己的生活，获得内心的快乐。

2.自我控制

我们每个人都有各种各样的需求，并且因为人的欲望，需求总是无止境的。这时候虚荣心也会逐渐膨胀，因此要学会自我控制，控制自己不被欲望所控制。在想要一件东西的时候，不妨先问一下自己，我是否真的需要它？拥有了它有什么意义呢？如果答案是否定的，那么这个时候就要学着控制自己，这样才不会使你的虚荣心泛滥。

3.坚持自己的目标

人一旦受攀比心理的影响，就会打乱自己原有的计划，干扰自己前进的步伐，从而迷失方向。所以，我们一定要清楚自己的目标，并且坚持不懈地为之努力，不要因为攀比的心理而放弃自己的理想。唯有如此，才能创造和守住自己的财富。

心灵驿站

生活中的每一个人都不一样。每一个人的环境条件都千差万别，每个人都有自己的生活轨迹，每个人都是独一无二的存在。不要继续在盲目的攀比中自轻自贱、自怨自艾了，“与其临渊羡鱼，不如退而结网”，经营好自己，耕耘好自己的一片土地，才能获得属于自己的成功。

第12章

让生活轻松简单且充满快乐：丢掉你的疲惫感

负面情绪严重影响我们的生活，它只会让我们的生活越来越糟糕，那么该如何获得快乐人生呢？快乐是简单的，它是一种自酿的美酒，只有自己能品味；它是一种心灵的状态，是要用心去体会的。丢掉疲惫感，让我们获得轻松且快乐的生活。

微笑着发现生活的美好

诗人雪莱说：“微笑是仁爱的象征，快乐的源泉，亲近别人的媒介。”

英国作家萨克雷有句名言：“生活是一面镜子，你对它笑，它就对你笑；你对它哭，它也对你哭。”的确，如果我们用微笑去面对生活，生活也会给我们美的享受，我们就会感受到生活的温暖和愉快。而如果我们总是以消极的情绪对待生活，我们的生活也会变得黑暗。想要让阳光照进我们的生活，我们应该将烦恼抛却，勇敢地选择微笑，这样你就能在平淡无奇甚至困难的生活中找到属于自己的一缕阳光、一片绿叶、一朵鲜花……微笑是世上最美丽的语言。

晨曦是一家金融投资公司的部门经理，在公司里，他是一个严厉的领导，整天没什么笑脸，弄得同事们对他都敬而远之，更没有什么聊得来的朋友。

晨曦在家里也过着枯燥无味的生活。和妻子结婚8年，他的太太也很少看到他的笑脸。为此，他的太太也时常抱怨连连。

有一天，晨曦照例洗漱完毕，准备上班。突然，他从镜子里看到自己面无表情的脸，感觉非常僵硬，他吃了一惊，心中开始不安。后来，他去看了心理医生，向医生大吐苦水，医生给他的唯一建议就是多微笑，逢人就微笑。

早餐时间，晨曦的太太叫他吃早餐，他立刻满脸笑容地回答："我马上来，谢谢你天天为我做早餐，辛苦了。"他的太太很吃惊，高兴地说："你今天是不是遇到好事情了？"他愉快地回答说："从今天开始，我要开始改变了，我们都要生活在喜气洋洋的氛围中。"

来到公司后，他微笑着向每一个人打招呼。大家刚开始很惊奇，后来便习以为常，慢慢地，他很快和同事们打成了一片，也有了无话不谈的朋友，与之前简直判若两人。之前他阴沉、严肃；而现在他快乐、充实，感觉自己充满了能量。

1.微笑蕴含着一种神奇的力量

微笑是一个人感到愉悦的表现，微笑具有很强的传染性，当我们的身边都是积极、乐观的人时，他们总是给我们带来阳光，而我们自己也更容易活得快乐。那些微笑的人总是能够为自己提升自信心，同时也给别人一种坚强友好的印象。微笑能给我们带来好运、成功、赏识和朋友……看似不经意的微笑，却蕴含着无尽的魅力与能量。

2.微笑看世界

每天都愁眉不展的人，处理事情时效率也不会高。换个角度看世界，每天微笑面对，世界也会变得不同。只要我们有积极、乐观的心态，每天微笑面对，在面对矛盾和困难的时候，我们就能平和地对待，摆正心态，透过现象看本质，也就能顺利解决问题！

3.每天对自己笑一笑

人的行为对心理有着很强的反作用，每天对自己笑一笑能让自己更加乐观。这就像我们现实生活中所见到的那样，常常开怀大笑的人绝对比整天板着脸的人更容易养成乐观的生活态度。因此，不妨试试每天给自己一个大大的微笑，尽情享受生活的美好。

心灵驿站

歌德夫人曾说过："我之所以高兴，是因为我心中的明灯没有熄灭。道路虽然艰难，我却不停地求索我生命中细小的快乐。如果门太矮，我会弯下腰；如果我可以挪开前进路上的绊脚石，我就会去主动挪开；如果石头太重，我可以换一条路走，我在每天的生活中都可以找到高兴事儿。信仰使我能够以一种快乐的心态面对事物。"

合理的目标让自己离成功更近

凡是可以促进自我生长、自由与幸福的目标，便是真正的理想；凡是主观上属于诱人的经验（如屈服的冲动），而客观上有损于生命的那些强迫性的、非理性的目标，便是虚假的理想。

——埃利希·弗洛姆

一个人若想取得成功，往往离不开目标的指引，有了目标，也就有了前进的方向和动力。合理的目标也会将我们引向成功。

战国后期，有一个赫赫有名的大商人吕不韦，他不仅在商场上如鱼得水，拥有巨额财富，而且凭借其权术，官拜秦国的相国。他的成功在很大程度上归功于他的居奇牟利计划。

据史料记载，吕不韦在赵国邯郸经商时，见到了秦国送往赵国做人质的王子异人。考虑到成功地拥立一个国家的君主所获得的利益要远比他贩卖珠宝盈利多无数倍，经过认真筹划，从实际情况出发，他制定了一个目标：拥立异人成为秦国君主，并逐步实施自己的具体计划。

吕不韦首先要获得质子异人的支持，他劝说异人："太子子奚已有继承国业的资格，又有强大的母族支持，现在您既没有母后在宫中，自己又托身于一个敌国，如果有一天秦、赵背信弃约，那么你必然成为牺牲品。您不妨听从我的计划，先求得回国，就能有掌握秦国大权的机会了。我替您去秦国活动，秦王必定会请您回去的。"

然后，吕不韦又向秦王后的弟弟阳泉君游说："您已经犯了死罪，您知道吗？您的手下居然比太子手下的人官职都要高，您又有珍宝无数，后宫里住满了美女。如今大王年事已高，一旦驾崩，太子掌权，那么您就危在旦夕了。现在我有一个权宜之计，可以让您永葆富贵，远离危险。"阳泉君急忙向吕不韦请教。吕不韦说："大王年事已高，王后又没有儿子，子奚有继承王位的权利，又有土仓的辅佐。一旦大王去世，子傒即位，土仓掌权，那时王后肯定会门庭冷落。王子异人德才兼备，被遗弃在赵国做人质，又没有母族支持，他十分想回到秦国。如果往后王后和异人合作，王后请立异人为太子，这样王子异人本没有国却有了国，王后本没有儿子却有了儿子。”阳泉君于是进宫劝说王后，王后就请求赵国送回异人。

赵王却并不想把异人送回秦国，吕不韦又去劝说赵王：“王子异人是秦王的爱子，宫中虽没有母亲，秦王后却想认他做儿子。其实，若秦国想要消灭赵国，不会因为一个王子而罢手，赵国分明是抓着一个空的人质。如果让王子异人回去做太子，赵国再用厚礼送行，他自然不会忘记赵国给他的恩惠，将来会回报您的。秦王老了，一旦逝世，即使把异人留在赵国，赵国也不能与秦国结好的。”赵王遂送异人回国。

异人回到秦国，吕不韦知道王后是楚国人，就让异人穿楚国的服装去拜见王后。王后十分高兴，自然十分喜欢异人，就认他为自己的儿子，把他的名字改作子楚。

一次，秦王让子楚诵读经书的时候，子楚对秦王说：“陛下也曾在赵国停留过，赵国的豪杰与大王结识的不在少数，大王回国后，他们一直在仰望着您，大王却没有派遣一位使臣去慰问他们，恐怕他们会有怨心的，不如让边境的关卡早闭晚开，加强警戒。”秦王认为有道理，惊奇他有这样的心计，王后便乘机鼓动秦王立子楚为太子。于是秦王说：“我的儿子没有哪个比得上子楚的。”便下令立子楚为太子。

后来子楚即位，让吕不韦做相国，封为文信侯，以蓝田十二个县为俸禄。

从这段历史中我们可以看出，吕不韦正是因为有了合理的目标，并且坚定地执行到位，才让目标轻松实现。

那么，什么样的目标才是合理的呢？

1.符合切身实际

所有谈论成功的书籍都在告诉我们："每一个成功者都有一个伟大的梦想。"然而并不是每个人都能获得成功，这是为什么呢？

这是因为目标不仅要伟大，还要符合切身实际的情况。所以，想要制定一个合理的目标，就要先了解自己，分析主客观条件和优缺点后，根据自身的实际情况制定合理的目标。须让自己的能力空间张大，给才华以施展的余地，从而让时间产生明确而深远的价值。

如果目标不切实际，与自身的条件相去甚远，那就很难达到。为了一个不可能达到的目标而花费精力，这种追求是毫无意义的。

2.目标应该是专一的

一个确立的目标应该是专一的，而不是经常变幻不定的。制定目标之前应该做深入细致的考虑，考虑自身条件，各种的影响因素等，然后确立一个目标。这个目标应该为一个时期或者一段时间的主要目标，且数量不宜过多，否则会不知专注实现哪一个，最后一事无成。

3.长远的目标

目标有大小之分，只有远大的目标才会有崇高的意义，才能激起一个人心中的渴望。远大的目标总是与远大的理想紧密结合在一起的，那些改变了历史面貌的伟人们，都确立过远大的目标。目标激励着他们时刻为理想而奋斗，也因此他们成了名垂千古的伟人。

心灵驿站

一个人活着而没有目标，他就会彷徨、焦虑不安。唯有他知道自己所追求的到底是什么，想要达到什么样的目标之后，坚定不移地去实现目标，他才会觉得他的生命充实且有意义。

抬头迎接生命中的美景

现实生活中，总有一些人觉得自己什么都不能，把自己看得一无是处。但你可知道，当你自卑地躲闪别人的目光，当你总是认为自己不如别人的时候，原本独一无二的你，形象已经大打折扣。一个连自己都不喜欢自己的人，只知盯着自己的脚下，也就失去了观赏美好风景的机会。

古希腊大哲学家苏格拉底曾说过："最优秀的人其实就是你自己。"只要你相信自己，就会发现更多平时不曾发现的精彩。

露西就是一个总是低头的女孩，喜欢把自己隐藏在角落，每次都不敢大方地走向人群，她总是独自一个人沿着走廊走路，耷拉着脑袋，每天都是一副闷闷不乐的样子。一天，她抬起头来，偶然看到一块明显的广告牌，底下摆放着一些漂亮的缎带，周围还摆着各式各样的蝴蝶结，广告语是：总有一款独特颜色的缎带适合你。

露西在那儿站了一会，尽管她也想要，但还是为她母亲是否允许她戴上那又大又显眼的蝴蝶结而犹豫不决。是的，这些缎带正是朋友们都有的那种。

“亲爱的，你看这个就十分适合你。”女售货员说。

“噢，不，我不能戴那样的东西。”露西回答道，但眼睛又舍不得从那条绿色的蝴蝶结上离开。

女售货员显得惊奇地说：“你看，这个颜色的发饰和你金发、漂亮的眼睛最相配了，为什么不试试呢！”

也许正是被售货员这几句话打动了，露西把那个蝴蝶结戴在了头上。

“不，向前一点。”女售货员提醒道，“亲爱的，你要记住一件事，你戴上任何特殊的东西，都应该像没有人比你更有权戴它一样。在这个世界上，你应该抬起头来。”她用审视的眼光看了看那缎带的位置，赞同地点点头，“很好，哎呀，你更漂亮了，你真应该给别人看看。”

“这个我买了。”露西说。她为自己作出决定时的音调而感到惊奇。

“如果你想要其他在集会、舞会或正规场合穿戴的……”售货员继续说着。露西摇摇头，付款后向店门口冲去。速度是那么快，以至于她与一位进店的顾客撞了个满怀，几乎把她撞倒。

过了一会儿，她吓得打了个寒颤，因为她感到有人在后边追她，不会是为那缎带吧？真是吓死人了。她向四周看看，听到那个人在喊她，她吓得飞跑，一直跑到另一条街区才停下来。

她在一家咖啡馆前停了下来，要了一杯咖啡。很快她感觉到，她暗恋的男孩——伯特转过身来看到了她。露西笔挺地坐着，昂着头，想让他也看到自己的绿缎带。

“嗨，露西！”

“哟，是伯特呀！”露西装出惊讶的样子说，“你在这儿多久了？”

“整个一生。”他说，“等待的正是你。”

“奉承！”露西说。她为头上的绿色缎带而感到自负。

不一会儿，伯特在她身边坐下，看起来他似乎刚刚注意到她的存在，问道：“你今天真美，我喜欢看到你那昂着头的样子。”

伯特邀她去跳舞。当他们离开咖啡馆时，伯特主动要陪她回家。

回到家里，露西想在镜子跟前欣赏一下自己戴着绿色缎带的样子，令她惊奇的是，头上什么都没有——后来她才知道，当撞到那人时，绿色缎带被撞掉了……

小女孩一切的改变都源于她自己，抬着头的她，也看到了自己曾经没看到过的美景。那么该怎样表达自己，让自己更自信呢？

1.昂首挺胸

昂首挺胸是富有力量的表现，是自信的表现。积极的自我形象和健康的生活态度，可增强你抵抗压力疾病的免疫力。自我怀疑和对自己的能力失去信心是常见的。任何人，无论表现得多么自信，也难免对他面临的挑战缺乏自信心。这常常是对压力的一种自卫性反应。长期自信心丧失，会影响对自己能力的认识，压力就产生了。情绪上的、心理上的或生理上的毛病就相应而至。

2.把注意力集中在自己的优点上

你应该充分了解自己的优势，对自己有一个深刻的认识。把注意力集中在自己的优点上，坚持每天有意识地做些自己最擅长的事，即使是不足挂齿的事儿也要坚持不懈、发挥所长，工作和生活也会自然向好的方向发展。而自己所获得的成绩，无论大小，都能给自己带来成就感，都能增强和支持你的自信心。

3.时刻鼓励自己

相信自己一定能做到、做好，要有这样的信念：“我说行就行”“他人能行，我也能行”。不断对自己进行正面心理强化，避免对自己进行负面强化。一旦自己有所进步，不管成就大小，都要时刻鼓励自己。

心灵驿站

穆罕默德·阿里说过："我觉得，只要我拥有足够的自信，就可以说服整个世界，让人们知道我的确是最棒的。"

学会自我调节，生活本就是绚烂多彩的画卷

现如今，人们在繁杂沉重的生活重压下，不得不为生存四处奔波。面对残酷的竞争，总是有一些不好的情绪出现，慢慢渗入我们的生活。想要更好地生活，不妨试试调节自己的情绪和自我放松，为自己创建一片心灵的净土，发现生活的绚烂多彩。

就像这位叫尼克的年轻人，别人都发现一个十分奇怪的现象，每当他和别人有矛盾冲突的时候，他就跑走了，想吵架都找不到人。

后来，一次偶然的机会，大家才发现尼克每次都是跑到自己家，然后绕着自己的房子跑步。随着尼克的金钱越来越多，他的房子和土地面积也越来越大，他生气时跑的圈也越来越大，然后人们就会看到他坐在空地上的身影。

很多人对他的这一举动不理解，也有人问他这么做的意义，可不管别人怎么问，尼克都笑而不语。

转眼间几十年过去了，他是这里拥有房子和土地最多的人。在这几十年间，他也不是没有和别人闹矛盾的时候，而每

次生气都要绕着土地和房子走几圈已经成为一种习惯。虽然自己年岁已高，拄着拐杖不方便，但他依然坚持那样做。他的儿子们没有办法，只有让平时他最疼的小孙女出马。

孙女再三恳求他："爷爷！您已经上了年纪，而且是这里最富有的人，你就不要一生气就绕着土地跑了。"

尼克说："没事，这已经成为一种习惯了。年轻时，每当我情绪不佳时，就要绕着房子跑三圈发泄一下，在跑的过程中我就会想，我的房子这么小，土地这么少，我有什么资格与别人生气？一想到这里，憋在心里的气就发泄出来，转而化作动力用来努力工作。"

孙女继续问道："爷爷！那你现在年纪大了，而且是最富有的人，为什么还要这么做呢？"

尼克笑着说："虽然我已经上了年纪，可是我还是会生气，生气时绕着房子走三圈，这时想法发生了变化，一边走我又会一边想，我的房子这么大，土地这么多，我又何必跟人家生气呢？想到这儿，气也就全消了。"

尼克不好的情绪都在跑步中逐渐消失了，这就是他调节自己情绪的有效方法。情绪的产生我们很难把控，然而有了不好的情绪就代表着不幸福吗？其实，每个人都会有情绪，其中也包括会严重影响我们的身心健康的不良情绪。有了不良情绪并不可怕，只要我们学会随时调节自己的情绪，让自己不受负面情绪所累。想要自我调节情绪，你可以借鉴以下方法。

1.培养自己乐观的生活态度

生活中，我们总会遇到各种各样的困难和挫折，如果我们以乐观、积极的态度去面对，问题也会迎刃而解。勇敢地去面对现实，充分享受生活给我们的考验，即使在黑暗中也能看到生活的美好。

2.宣泄坏情绪

坏的情绪一定要及时宣泄出去。无论你是喜欢将烦恼藏于内心还是挂在脸上，都不要让坏情绪在你身上停留太久。你可以选择去做运动、购物、找人倾诉，尽量不要让那些心理垃圾停留太久。垃圾产生的味道会污染周边的环境，不及时处理你的坏情绪也会伤害自己、家人、朋友以及更多的无辜者。

3. 转移注意力

注意转移法就是把自己的注意力从一种情绪状态中转移到另一种能引起其他情绪状态的事情上。例如，一个人在苦闷、难受的时候，不妨出去放松一下，去跑一跑，看一场电影，逛逛街，看看自己喜爱的比赛等，这样可以转移自己的注意力，使自己迅速从不良情绪中解脱出来。

心灵驿站

在漫长的人生旅途中，我们总是不断地在遭遇挫折与自我调节之间慢慢成长，衍生出无数的烦恼与忧愁。人生的道路并不是一帆风顺的，当中肯定也有曲折，这是正常的。我们只有在不断的自我调节中才能逐渐成熟，发现生活的美好，才能应对人生的各种挫折，去迎接更加精彩的人生。

发现生活的美好，享受工作的趣味

我们无法保证每天都是在干自己喜欢的工作，也不可能找到完全符合自己兴趣的工作。如果你能从工作中找到兴趣，激发自己工作的天性，那么你的面前就会展现出一片宽广的天地。

在日常工作中，也许你会发现，在工作中找到兴趣，自己的工作也会有一个质的飞越。

1965年的一天，华盛顿一所学校的图书馆管理员正在上班。一位老师到图书馆来找他，说所教的班上有个学生功课完成得比其他所有孩子都快，他想在图书馆找一份工作。那位管理员就说："那好吧，让他来吧。"一会儿，一个身材瘦小、黄色头发的小男孩走进来了。他问道："你们有活儿让我干吗？"

管理员便将有关杜威十进制的图书分类上架法详细给他讲解。随后，管理员又给小男孩一大摞过期借阅书卡，对他说道："书卡上的书我起先以为已经还了，但实际上由于书卡有误，这些书无法找到。"小男孩说："我明白了，我可以开始工作了吗？"

在得到肯定的回答后，小男孩开始畅游在书的世界里，一个小时以后，他就找到了第一本书，他高兴地跑到管理员身边对他说：“这工作真有趣，就像侦探一样，好了，我要去找我的下一本书了。”一个上午过去了，到了休息的时间，管理员发现他一共找到了三本书卡有误的图书。虽然到了休息的时间，他仍然在坚持找书，一定要把工作完成才肯休息。管理员说，去外面呼吸一下新鲜空气吧，这里面实在太闷了，小男孩才不得不停下手中的工作。第二天，小男孩早早来到图书馆，他说要尽快完成找书的工作。

几周以后，管理员收到了小男孩邀请他吃晚饭的留言条，于是管理员应邀去了。临别之际，小男孩的母亲说，他们全家要搬到毗邻的社区去住，离这边有一定的距离，孩子也不得不转到附近的学校去了。但孩子担心自己不在原学校的图书馆里工作后，谁来找那些丢失的图书呢？

孩子要走了，管理员与他依依惜别。起先，管理员认为那个小男孩是一个普普通通的孩子。但后来他发现即使是在枯燥的工作中，小男孩也能找到乐趣，因此，管理员觉得他非同寻常，肯定会有所成就的。男孩走后，管理员很想念他。几天之后，小男孩又回到这个熟悉的图书馆。他告诉管理员，新去的那所学校的图书馆管理员不让学生在图书馆帮忙干活儿。妈妈又让他回到这个学校念书了，只需要爸爸上班时顺便开车送他到这里，要是爸爸有事，也可以自己走着来上学。这样，他就可以继续在这里找图书了。

当时，管理员脑子里就闪过一个念头：这孩子将来一定能干出一番事业。然而管理员尚没料到，这个小男孩长大以后，竟成为一名信息时代的奇才，他就是比尔·盖茨。

那么，怎样在工作中得到快乐呢？

1.努力工作，享受工作的乐趣

一个对工作认真负责的人，会有一番不同的体会，即使在单调平凡的工作中，也发现很多平时没有发现的乐趣。我们应在工作中发挥自己的潜能，在工作中表现突出，提升自己的自信心，发现工作中的惊喜。这样一种敬业、主动、负责的工作态度和精神会让你的思想更开阔，工作更积极，生活也更加幸福。

工作能够给你带来各种回报。工作回报给你的，不仅是用以满足基本的物质生活和精神生活需求的薪水，还有让自己享受的工作乐趣和成就感。

2.拥有好情绪

当有不良情绪的时候，不妨适当地发泄一下，以好情绪投入到工作中去。积极地看待任何事情，在工作中实现自己的价值，为企业创造效益，将热情投入到自己的工作中，怀着感恩的心态，用心对待工作中的每一个细节，在工作中时刻充满活力，积极发挥自己的主动性，快乐地工作。

3.把工作看成艺术创作

马丁·路德·金曾说过：“即便你是一名清洁工，也要以米开朗基罗绘画、贝多芬谱曲、莎士比亚写诗那样的心情对待自己的工作，这样，你就会从中发现很大的乐趣。”在工作中，假如每个人都能把自己的工作当成艺术创作，每个人都认为自己是一个艺术家，将工作上升到艺术层面，发现工作的乐趣，就不会感觉工作枯燥、乏味了。只要我们每天充满激情，哪怕工作再多，也不会感到痛苦。

心灵驿站

工作不是痛苦的折磨而是为了获得更多的快乐！满足生存需要不应该成为工作的唯一目的，工作更应该成为实现自我价值的途径。碌碌无为的人生将是悲哀的人生，发现工作的乐趣，将乐在其中，人生也将因为从事所热爱的工作而得到升华。把每天的工作看作是一种享受，这是一件多么惬意的事啊！

做家务的趣味，轻松心态最闲适

家务也是我们生活的一部分，很多人一提到家务就满脸的愁容，每天为谁做家务而争论不休，觉得自己工作很忙，根本没时间做家务琐事，害怕油烟会让皮肤变得不好……其实，你完全可以换一种思维，在繁忙的家务中找到乐趣，让家务不再成为负担，学会享受做家务的快乐。让家务变得快乐易做，增添生活的趣味。

彤彤和文博刚结婚不久，就爆发了他们结婚后的第一次争吵，这都是源于谁做家务的问题。文博结束一天的工作很晚才到家，看到彤彤早已经回来了，然而家里却乱七八糟，前几天他出差带回来的行李都还没有整理，饭也没有做，地上还有没来得及扔的垃圾，他就十分气愤，两个人大吵起来。

晚上，彤彤给妈妈打电话诉说自己的委屈，说自己工作也很忙的，好不容易有一天早下班，竟连享受享受都不可以了。她的妈妈告诉她，其实，家务也不是那么难，你们两个可以分工合作，把它当作一次有趣的游戏，你会发现家务也不单单是枯燥的。

星期天，彤彤和文博准备大干一场，两个人一起拖地、擦桌子、晾晒被子，该清洗的清洗，该重新摆放的重新摆放，该收纳的收纳。干完后再看房内，简直焕然一新，窗明几净，叫人好为惬意，心中的快乐油然而生。在整理东西的过程中，他们还发现了自己之前找不到的小礼物，简直是一份惊喜。尤其是充分活动了四肢后，肠胃得到活动，晚饭也比平时吃得更香了，人变得神清气爽，做家务成了一种享受。

后来，他们两个人也都慢慢地喜欢上了做家务，每天谁先下班回到家，都会抢在吃饭之前，或洗衣，或搞卫生，或修家电，或整门窗……完成一件事后，心里感到轻松，满足感油然而生，乱糟糟的头脑变清晰了，疲乏的身体精神了。

彤彤觉得最美的享受就是，每天清晨起床后边听音乐边干家务。凉爽的风从窗户吹进来，屋内的空气都是香甜的，自己头脑清醒，精力充沛，行动迅速，再加上优美的音乐，她好像成了一个艺术家，如跳舞、如做操、如打拳、如耍剑，既轻松，效率又高。

当然，干家务的乐趣与享受关键还在于对家务活的安排与品味。干完活后进行欣赏和品味，这才体会到干家务不是一种负担，而是一种创造，一种宣泄，一种生活的调节剂，一种平凡人生的享受。

那么，如何做家务更能轻松愉悦呢？

1.听音乐

将音乐与家务相结合，选择适合家务活动的音乐，将自己带入音乐的意境，如追求速度的家务可以选择迪斯科、进行曲等音乐；需要做细致、慢节奏的家务时，可以选择舒缓、轻柔的音乐，两者相得益彰，使人受益匪浅，不知不觉家务也就完成了。

2.将家务当成一种兴趣

不要把家务单纯的作为家务来考虑，而要将它作为一种兴趣来对待，这样做才会令扫除变得更加快乐，这样做才会喜欢上家务。把自己不擅长、感觉麻烦的事情转变为喜欢做的事情，其关键在于要改变你对家务的态度，发掘家务中的趣味，体味它带给我们的感动，然后爱上做家务。

3.将家务当成一种放松方式

工作和生活的压力，常常使我们感到心情压抑，回到家的时候，更是觉得身心疲惫，而我们只能慢慢去寻找缓解压力的方法。做家务就是一种不错的放松方式，全身心地投入到洗碗拖地等家务中去，让自己在忙碌的同时，大脑得到放松，这样有助于缓解烦躁情绪，使心情舒畅，还可以起到锻炼的作用。

当完成一件家务后，也会给自己带来小小的成就感。看着干净、明亮的房间、叠得整整齐齐的衣服、擦干净的地板……这些小小的成果，可以带给你更多的勇气去面对每天的挑战。

心灵驿站

只要生存，我们就离不开家务。与其愁容满面也改变不了家务的存在，不如改变心态，转换一种心情。让家务成为自己放松心情的方式，成为一种享受，这样，一切家务事都变成了一件很轻松的事情。

第13章

自我暗示，保持积极的精神状态

思想之所以能够改变人的命运，是因为它会在人的心灵深处形成心理暗示，而心理暗示的好坏有时也决定着我们能否获得快乐。每个人一生中都会受到暗示的巨大影响，暗示也有积极和消极之分。良好积极的心理暗示能把人带上“天堂”，消极的暗示则会把人带入“地狱”，就看你如何抉择。

每天激励自己，让消极心态无处可逃

很多人在面临困难时都会灰心、失望，有的人甚至会绝望。其实，一个人只要活着，就难免会产生失望。失望并不可怕，在现实生活中，很多人遇到不顺心的事情，遭遇失败的时候，都会有失望，甚至是绝望的情绪。其实，一个人只要活着，有消极的情绪是在所难免的。消极的情绪并不可怕，可怕的是我们在失望、抑郁等消极心态中消沉、堕落。所以，在一个人身陷失望之中时，最应该做的是要学会激励自己，而不是自暴自弃。人生可以没有很多东西，唯独不能没有希望。

当心情低落、没有动力的时候，不妨多多激励自己，让自己增加一些信心和勇气，如此，困难和挫折就会退缩，事情就会顺利一点，压力也就相对小一些。面对失败，不同的人有不同的选择，有人选择放弃，有人则选择坚定地走下去，激励自己更加快速地迈开步伐，稳步前行，这就是勇者。当你面对失败而优柔寡断的时候，机会也会从指尖溜走；当你失去自信而怨天尤人的时候，时间也在不知不觉中流逝。当你踯躅不前的时候，多给自己一些鼓励吧，勇敢地迈出成功的第一步，向目标进发。困难、失败不会改变，但我们可以改变自己，鼓励自己，勇敢面对生活中的挑战，不断成长，走向成功。

1949年，一位24岁的年轻人充满自信地走进了美国通用汽车公司，应聘会计工作。他之所以来这个公司应聘只是因为父亲告诉他，通用汽车公司是一家经营良好的公司，可以开拓他的眼界。于是，这位年轻人来到了这里。在面试的时候，这位年轻人的自信给面试官留下了深刻的印象。当时，他们只招聘一位会计，面试官告诉这个年轻人，有很多人应聘这个岗位，与别人相比，他没有任何优势，很难胜任这个工作。但是，这个年轻人根本没有认为这是一个困难，相反，他认为自己完全可以胜任这个职位，因为他认为自己是一个善于自我激励、自我规划的人。

正是由于年轻人具有自我激励和自我规划的能力，他被录用了！录用这位年轻人的面试官这样对秘书说："我刚刚雇用了一个想成为通用汽车公司总裁的人！"这位年轻人就是罗杰·史密斯，1981年，他真的成为了通用汽车公司的总裁。

罗杰在通用汽车公司的一位同事阿特·韦斯特这样评价他："在与罗杰合作的一个月当中，他不止一次地告诉我，他将来要成为通用的总裁。"结果他真的成功了。

正是由于罗杰·史密斯善于激励自己，努力实现各个层次的人生需要，他才最终实现了自己的梦想。

1.积极的自我暗示

我们可以通过积极的暗示，将体内的积极思想激发出来，让自己有个好心情。这样不仅能减少成功过程中一些负面因素，还能让我们在这个过程中不断进步。如果一个人不断地进行积极的自我暗示，那么他在收获好心情的同时，也更容易获得成功。

2.立足现在

充分利用对现在的认知力，建立梦想并筹划和制定目标，锻炼自己即刻行动的能力。开始行动是最难的阶段，过了这个阶段，惯性、习惯或者潜意识就会推动我们继续向前。算一下行动起来的好处和不行动的代价，培养一种紧迫感，不要坐等自己想动时才动，更不要等到看清楚每个问题的解决办法之后才开始干。你可以把你的目标公之于众，给自己增加一点鞭策力或者定好进度，并分解任务。

3.明确的目标

目标是一种持久的期望，是一种深藏于心底的潜意识。它能长时间调动你的创造激情，令你激励自己，支持自己，最终走向成功。目标是一个人成功路上的里程碑。目标让我们有了前进的方向，当你完成一个小目标后，你就会有成就感，也就会更加有信心去面对接下来的挑战，不断向更高峰挺进。

心灵驿站

当你被情绪左右，勇气也离你而去时，你也就失去了前进的动力，没有行动就没有进步，那么成功只会离你越来越远！相信自己，并每天用目标来激励自己。每天进步一点点，不是做给别人看，也不是要跟别人交换什么，而是出于律己的人生态度和自强不息的进步精神，用积极心态激励自己，引导自己的思想，控制自己的情绪，最终掌控自己命运。

学会自我暗示，感受强大的魅力

这一天，日本伊豆半岛迎来了两个来自中国台湾地区的观光团。旅途中的路况十分不好，地面不平，把游客们观光的好心情颠簸得支离破碎，抱怨之声迭起。

其中一个观光团的导游也连声附和着说：“这样的路怎么走啊，还有什么心情继续旅行啊！司机能不能快点开过去啊？”车上的游客们听后，抱怨的声音愈发多起来。

与此同时，后面一辆车上的游客们也是差不多的状况。但是他们的导游微笑着对他们说：“请诸位先生、女士少安毋躁，我们现在经过的这段道路，正是日本赫赫有名的伊豆半岛迷人酒窝大道。在酒窝大道上，大家可以尽情体验颠簸的乐趣。”游客们听后顿时心情大好，好像连颠簸都变得美好起来，脸上重新露出了笑容，开始欣赏窗外的美景。

明明是相同的道路，都是同样的颠簸，不同的只是导游的表达，旅客的心情也由此大不相同。这都是“暗示”的作用，积极的暗示让原本抱怨的游客团体验了积极的情绪状态。

心理暗示是我们日常生活中最常见的心理现象之一，它是人或环境以非常自然的方式向个体发出信息，个体无意中接受这种信息，从而作出相应的反应的一种心理现象。心理学家巴甫洛夫认为：暗示是人类最简单、最典型的条件反射。

暗示也是一种力量，它可以潜移默化地改变一个人。当累了、倦了、承受不住时，不妨给自己一个暗示，然后再继续寻梦。

摩拉里在小的时候，就有一个成为奥运冠军的梦想，他梦想着自己能够站在奥运会的领奖台上享受无上荣光。

1984年，一个机会出现了，他有希望在自己擅长的项目中，成为全世界最优秀的游泳者。但在洛杉矶奥运会上，他只拿了亚军，离梦想还很远。

但是，他没有放弃希望，仍然每天不间断地刻苦训练。这一次，他重新调整了目标，决心获取1988年韩国汉城奥运会金牌。然而，他的梦想止步在预选赛，他竟然被淘汰了。

带着对失败的不甘，他离开了他热爱的游泳池，将梦想埋于心底，跑去康奈尔攻读律师专业，在此后三年的时间里，他很少游泳，可他心中始终有股烈焰不曾熄灭。

离1992年夏季赛不到一年的时候，他决定孤注一掷，再试一次。在这项属于年轻人的游泳比赛中，他的年龄相对较大孤注一掷的他就像拿着枪矛戳风车的堂吉诃德，想赢得百米蝶泳无异于天方夜谭。

这期间，他又经历了种种磨难，但他没有退缩，而是不停地告诉自己：“我能行。”

在不停地自我暗示下，他终于站在世界泳坛的前沿，不仅成为美国代表队成员，还赢得了初赛。他的成绩比世界纪录只慢了一秒多，奇迹的产生离他仅有一步之遥。

决赛之前，他在心中仔细规划着比赛的赛程，在想象中，他将比赛预演了一遍又一遍。他相信最后的胜利一定属于自己。

比赛如他所预想，他真的站在领奖台上，颈上挂着梦想的奥运金牌，看着国旗冉冉上升，听到美国国歌响起，他的心中无比自豪。

摩拉里没有被消极思想所打败，在艰苦的环境中，他不断地进行积极的自我暗示，终于打破常规，获得奇迹般的胜利。

1.自我暗示也有积极和消极之分

暗示可以分为积极暗示和消极暗示。消极的暗示能扰乱人的情绪、行为及人体生理机能，甚至引发疾病。心理学家指出，如果你反复进行消极的自我暗示，就会养成一种习惯，形成根深蒂固的消极模式，控制自己的所作所为。

积极的自我暗示是个人从心底认为自己是可以变得更好的，这样的自我暗示可以不断地激发一个人的潜力，令其具有无限的力量去重塑自我。积极的自我暗示能够给人们带来好的心情与源源不断的前进动力，有时候还可能激发自身隐藏的潜力，让自己发展壮大。

2.注重积极的暗示的作用

积极的暗示可以很好地激发一个人的正面情绪，激励我们向上。事实上，人是十分情绪化的动物，我们经常受情绪的影响；如果能控制自己的情绪，不让消极的暗示力量占主导地位，那我们也更容易获得成功。

积极的自我暗示有很多种方法：可以安静地进行，也可以大声地说出来，还可以将它们写下来，更可以吟唱出来，只要每天进行十分钟有效的肯定练习，就能让我们远离消极情绪，变得更加优秀。归根结底，这都是积极心态在发挥作用。我们经常意识到我们正在告诉自己的一切，如果选择积极的语言和概念，就能创造更加美好的明天。

心灵驿站

你是阳光，你的世界就满是温暖；你是爱，你就生活在爱的氛围里；你是快乐，你的生活就充满欢声笑语。同样的，你每天抱怨、挑剔、指责，你就生活在地狱里。一念到天堂，一念到地狱。你的心在哪里，成就就在哪里！

停止怨天尤人，怀抱感恩之心

感恩是每个人精神上的一种宝藏。

——英国哲学家、政治家，约翰·洛克

感恩是一种做人的原则，是一种处世的哲学，更是一种人生智慧。

感恩之心会给我们带来无尽的快乐。为生活中的每一份拥有而感恩，能让我们知足常乐。感恩并不意味着炫耀，也不意味着止步不前，而是把所有的拥有看作是一种荣幸、一种鼓励，在深深感激之中积极行动，学会与人分享。感恩之心使人警醒并积极行动，珍惜生活的每一天，也使创造力更加活跃；感恩之心使人向世界敞开胸怀，投身到仁爱行动之中。没有感恩之心的人，也就不懂爱的真正意义，也永远不会得到别人的爱。

感恩，就是面对伤害过自己的人，也要表示感谢，因为他磨炼了你的意志；感激欺骗过你的人，因为他增长了你的智慧；感激蔑视过你的人，因为他唤醒了你的自尊；感激抛弃过你的人，因为他让你学会独立。

感恩节那天，一个男人垂头丧气地来到教堂，找牧师倾诉："人们都在感恩节的时候把自己的感恩之心献给上帝，可是我一无所有，没有体面的工作，每次面试都是失败而归，为什么还要感恩呢？"牧师问他："你真的一无所有吗？上帝很仁慈，对待每一个人都是平等的，你其实也拥有很多，只是你还没有发现罢了。那么，现在我给你一支笔、一张纸，来细数一下你所拥有的幸福！"

牧师说："你有爱你的妻子吗？"

男人回答："我有妻子，她一直对我不离不弃，即使我现在一无所有，贫困潦倒，她依然爱着我。所以，我总是感觉十分愧疚。"

牧师又问：“你有孩子吗？”

男人回答：“我有3个可爱的孩子，他们十分懂事，虽然我无法让他们接受最好的精英教育，吃昂贵的食物，但他们在学校的表现都还不错，我为他们自豪。”

牧师又问：“你胃口好吗？”

男人回答：“我的胃口非常好，因为没什么钱，我并不能使我的胃口得到满足，通常只能吃七成饱。”

牧师又问：“你睡眠质量好吗？”

男人回答：“是的，只要一躺上床，我就能很快入眠。”

牧师又问：“你有好朋友吗？”

男人回答：“我有好朋友，因为我没有工作，他们还要时常接济我，给我一些帮助！可是我却无以为报！”

牧师又问：“你的视力怎么样？”

男人回答：“我有非常好的视力，很远地方的物体我都能看得很清楚。”

于是，男人在纸上写下了这些：我有好妻子；我有3个可爱的孩子；我有一个好胃口；我的睡眠质量特别好；我有好朋友；我的视力非常好。

牧师看到男人纸上记录下来的东西，说：“恭喜你！感谢上帝的保佑，赐予了你这么多！你回去吧。记得要感恩！”

男人回到家，想起与牧师之间的对话，看了看镜子里的自己：“呀，我怎么变得这么凌乱，这么消沉！如此邋遢，好像好久都没有照镜子了……”

后来，男人带着感恩的心，振奋了精神，重新打理好自己，以一副全新的面貌去面试，成功找到了一份不错的工作。

一个穷困潦倒、失业已久、认为自己很不幸的人，却得到了别人没有得到的很多东西，所以说，他依然得到了生活对他的恩赐。

感恩其实就是一种乐观的、积极的生活心态。感恩，是在迷茫无序的时候看到“柳暗花明又一村”；感恩，是与那些不好的情绪说再见。感恩，是一种发自内心的更积极的生活态度。感恩生活，事实上就是善待自己，发现生活的美好。

如果人人都心怀感恩，那么，人与人、人与自然、人与社会就会变得和谐而亲切，人们每天都会有一个好心情。心存感恩的人，才能获得更多生活中的幸福和美好，才能远离那些毫无意义的怨天尤人。心存感恩的人，才会朝气蓬勃，豁达睿智，好运常在，远离烦恼。一个懂得感恩并知恩图报的人，才是天底下最富有的人。

感恩之心，并不会不请自来，它需要我们不断地培养和造就。

1.感恩，是对生命过程的一种珍惜

感恩是对生命过程的一种珍惜，是一种内在的心灵感觉。在某一刹那，心中的某一根隐秘的弦忽然被牵动，泛出圈圈甜美的满足感，那便是幸福。

但令人遗憾的是，现实中有很多人却忽略了这种因感恩而

在这样的情况下，王太太经历了一段非常低迷的时期，她感到自己身体越来越差，对生活的勇气和希望也逐渐被漫长的痛苦磨灭殆尽。所幸这种的情况并没有持续很久，一天早晨，当王太太从睡梦中醒来的时候，她突然想通了一件事情。

她说："那天早晨我睁开眼睛，突然一个声音出现在我的脑海中，那个声音在问我，既然还没有瘫痪，那么我为何要早早地放弃自己的人生呢？与其整日怨天尤人，我不如每天都快乐一点，做一些力所能及的事情，让自己避免瘫痪的命运！医学正在快速发展，只要我积极治疗，坚持不懈，绝对不放弃自己，那么或许一切都有转机。"

当脑海中出现这个念头之后，王太太顿时感到豁然开朗，从那天以后，她几乎每天都要告诉自己："你要相信，只要你足够坚强，那么病魔便不能让你屈服！"在这样的自我暗示下，那些消极的情绪也一扫而空，王太太对生活重新拾起了希望。她开始每天都微笑面对生活，将自己的时间投入到许多有意义的事情中去，她开始收留流浪的小动物，并认真地照顾它们。

三年过后，王太太笑着告诉大家："我前几天刚去做过身体检查，医生告诉我说，我的状态非常良好，即便再过三年，也不会有任何问题。如果那个时候，我没有告诉自己要坚持下来，永不放弃，那么现在，或许你们看到的就是一个整日坐在轮椅上的抑郁老太太了。"

在最黑暗的日子里，是自我暗示的力量给了王太太坚持下去的决心与希望。在我们的人生中，总是难免会遇到一些令人感到痛苦和迷茫的事情，这种时候，积极的自我暗示往往能够带给我们足够的信心与勇气，帮助我们摆脱消极的情绪，重新起航。

1.语言自我暗示

一般人醒着的多数时间都会无意识地在内心和自己对话，并无意识地将其记录和接受。如果我们经常在内心默念一些积极、肯定、励志、自我激励的话，生活也会发生改变。

2.动作自我暗示

抑郁的时候，尝试让脸部呈现微笑的样子。持续一会儿后，你发现自己真的开始愉悦起来。

3.环境自我暗示

环境可以是人、事物、声音、光等，比如热情的红色能提振情绪、舒缓的音乐能减缓烦躁；还可以在镜子里观察自己的神态，不断赞美和鼓励自己。

心灵驿站

暗示往往会使人们不自觉地按照一定的方式行动，因此，那些给自己积极心理暗示的人，往往能使自己内心变得强大，信念变得坚定，坏情绪一扫为空，行为也随之改变，令事情向好的方向发展。因此，我们面对重重困难或不佳状态时，不妨给自己一些心理暗示。想要摆脱消极的心态，走出困境，要先从改变自己开始。

参考文献

[1]杨秉慧.别让情绪掌控你[M].北京：华夏出版社，2011.

[2]郭瑞增.做最好的情绪调节师[M].天津：天津科学技术出版社，2008.

[3]孟昭兰.情绪心理学[M].北京：北京大学出版社，2005.

[4]赵国祥.心理学概论[M].北京：光明日报出版社，2007.

[5]陈少华.情绪心理学[M].广州：暨南大学出版社，2008.